जैविक खेती

डॉ. चन्द्र प्रकाश शुक्ल

जन्म : 23 सितम्बर, 1978 इलाहाबाद, उ.प्र. में।

शिक्षा : वनस्पति विज्ञान में पीएच.डी.। देश-विदेश के कई वैज्ञानिक संस्थानों में आजीवन सदस्य। आप पारिस्थितिकी, नृवनस्पति विज्ञान एवं जैवविवधिता पुनर्विस्थापन के क्षेत्र में अनुसंधान रत हैं।

प्रकाशन : अब तक दस पुस्तकें और आलेख तथा 30 शोध-पत्र प्रकाशित

कृतित्व : अन्तर्राष्ट्रीय व राष्ट्रीय स्तर के सम्मेलनों में सहभागिता।

सम्प्रति : भारतोय वानस्पतिक सम्पदा के संरक्षण में रत।

पुरस्कार : देवेन्द्र पाल वार्ष्णेय कृषि वैज्ञानिक पुरस्कार 2013

जैविक खेती

(Organic Farming)

डॉ. चन्द्र प्रकाश शुक्ल
एम.एससी.,पीएच.डी.

पोइन्टर पब्लिशर्स
जयपुर-302 003 (राज.)

वितरक
प्रेमचन्द बाकलीवाल
आविष्कार पब्लिशर्स, डिस्ट्रीब्यूटर्स
807, व्यास बिल्डिंग, चौड़ा रास्ता
जयपुर–302 003 (राज.)
फोन : 0141–2578159
ई–मेल : aavishkarbooks@hotmail.com
www.aavishkarpublishers.com

ISBN 978-81-7132-814-7

2024

मूल्य : ₹ 450.00

प्रकाशक
श्रीमती शशि जैन
पोइन्टर पब्लिशर्स
व्यास बिल्डिंग, चौड़ा रास्ता
जयपुर–302 003 (राज.)
फोन : 0141–2578159
ई–मेल : pointerpub@hotmail.com
www.pointerpublishers.com

मुद्रक
हरीश आर्ट प्रिन्टर्स
जयपुर–302 003 (राज.)

भूमिका

जैविक खेती एशिया (विशेषतः भारत) की मूलतः कृषि प्रणाली है। वैदिक ग्रन्थों में इसके व्यापक स्वरूप देखने को मिलते हैं। बीसवीं सदी के प्रारम्भ में ब्रिटिश वैज्ञानिक सर अलबर्ट हावर्ड ने भारत की कृषि को वैज्ञानिक स्वरूप देने की दृष्टि से भारत आये थे, उन्होंने अपने संबोधन में यह भी कहा कि यहाँ से सुदृढ़ व समृद्धशाली कृषि व्यवस्था अन्य किसी देश की नहीं है, चाहे वह ऐरिका या यूरोप क्यों न हों? एन एग्रीकल्चर ट्रीटमेंट नामक पुस्तक की रचना हावर्ड द्वारा सन् 1940 में की गयी। इस पुस्तक में इंदौर क्षेत्र को प्रयोग का आधार सर हावर्ड ने बनाया। यह विश्व की प्रथम पुस्तक थी जिसमें किसी भी प्रकार के रासायनों का प्रयोग सर्वथा वर्जित किया गया है। यही पुस्तक जैविक खेती के क्षेत्र में प्रथम प्रयास व पहल बनी।

इस आक्रामक व विकृत स्वरूप में वातावरणीय समस्याएं उत्पन्न हो रही हैं। इन सब समस्याओं के निजात पाने में जैवकि खेती ही सहयोगी बन सकती है। हमें कृषि की जैविक तथा प्राकृतिक स्वरूप की ओर पारम्परिक ज्ञान तथा संसाधनों के संरक्षणात्मक शोध का आधार लौटाना होगा। किसानों को आत्मनिर्भरता, परस्पर सहयोग तथा शोषणकारी व्यवस्था से स्वतंत्र होने के लिए गम्भीरता से कार्य करना होगा और यह तभी सम्भव हैं, जब हम जैविक खेती को अपनाएं। पशुपालन, मृदा व जल संरक्षण कर टिकाऊ कृषि पद्धति को बढ़ावा दे सकते हैं।

–डॉ. चन्द्र प्रकाश शुक्ल

अनुक्रमणिका

परिशिष्ट

1

भारतीय कृषि परम्परा व जैविक खेती

भारतीय कृषि का विकास मानव उत्पत्ति के इतिहास से ही शुरु हुआ। ऐसी मान्यता है कि मानव की सबसे पहली प्रजाति होमो इरेक्टस थी, जिसकी उत्पत्ति 15 लाख वर्ष पूर्व उष्ण कटिबंधीय क्षेत्र में हुई थी जो बाद में विश्व के शीतोष्ण क्षेत्रों में फैले। इतिहासकारों के अनुसार 500 हजार वर्ष पूर्व मानव ने आग की खोज की। आज के मानव का नजदीकी पूर्वज होमोसेपियन्स को समझा जाता है जो 35 हजार वर्ष पूर्व अफ्रीका में पाया गया। इस मानव प्रजाति ने जानवरों का शिकार कर उसे पकाकर खाना प्रारंभ किया। ईसा से 8700-7700 वर्ष पूर्व मानव का सामाजिक प्राणी के रूप में विकास हुआ जिसमें समूहों में रहना तथा जानवरों को पालना प्रारंभ किया। उसने सर्वप्रथम बकरी तथा भेड़ पाली। 7500-6500 वर्ष ईसा पूर्व के मध्य उसने कृषि करना प्रारंभ किया। पत्थर की कुल्हाड़ियों के द्वारा उसने जंगलों को साफ करना तथा उसमें धान्य वाली फसलों को उगाना शुरु किया।

कृषि का विकास विश्व के विभिन्न क्षेत्रों में अलग-अलग समय पर प्रारंभ हुआ। वर्तमान कृषि का स्वरूप भारत में समय के साथ स्वतः ही विकसित हुआ। भारत का विश्व कृषि में योगदान प्रथमतः धान के रूप में हुआ जो कि दक्षिणी एशियाई देशों का मुख्य भोजन है। सिंधु एवं हड़प्पा घाटी की सभ्यता 300-1750 ई.पू. के मध्य विकसित हुई एवं फली फूली। जौ, गेहूँ, बाजरा, मटर, खजूर, कपास एवं मसूर इस समय की मुख्य फसलें थी। देशी हल एवं लकड़ी वाली गाड़ियों का प्रयोग होता था। दक्षिण भारत प्रारंभिक रूप से स्वतंत्र कृषि क्षेत्र था। वहाँ 1500ई. पूर्व से ही फसलें उगाई जाती थीं।

वैदिक काल के उत्तरार्द्ध (1000-500ई.पू.) में विभिन्न धान्य फसलों, सब्जियों, फलों आदि की खेती का उल्लेख मिलता हैं । इस काल के कृषकों ने लोहे के बने कृषि

यंत्रों का प्रयोग खेतों की जुताई एवं अन्य कृषि क्रियाओं हेतु करना प्रारंभ कर दिया था। इस काल में छिड़कवा विधि द्वारा बुआई होती थी। किसान फलों के फसल चक्र, परती आदि की उपयोगिता को समझ गया था। गोबर की खाद, सिंचाई आदि का उपयोग फसल वृद्धि के लिए किया जाता था।

वर्ष 1949-55 के समय देश का कुल खाद्यान्न उत्पादन मात्र 6.46 मिलियन टन था तथा कुल जनसंख्या 36 करोड़ के आस-पास थी। उस समय तक भारतीय कृषि की वृद्धि दर शून्य के आस-पास थी। कुल सिचिंत क्षेत्र 2.85 मिलियन हैक्टेयर था। प्रति व्यक्ति खाद्यान्न उपलब्धता मात्र 165 ग्राम थी। हम पूर्णतः खाद्यान्न आयात पर निर्भर थे। उस समय तक विश्व के सभी देश खाद्यान्न उत्पादन की वृद्धि के लिए प्रयासरत थे। वर्ष 1943 में सहकारी कृषि शोध एवं प्रशिक्षण कार्यक्रम मैक्सिको सरकार द्वारा राक फेलर फाउण्डेशन के सहयोग से चलाया गया, जिसका उद्देश्य विभिन्न फसलों की उत्पादन क्षमता में वृद्धि की संभावनाओं को खोजना था। इस शोध का परिणाम यह निकला कि गेहूँ में 'नोरिन-10' बौनी गेहूँ की किस्म की खोज की गयी, जिसने मैक्सिको के गेहूँ उत्पादन को 1965 तक चार गुना बढ़ा दिया। इसी तरह मक्का के उत्पादन में भी चार गुना वृद्धि हुई। यह क्रान्ति 'हरित क्रांति' के नाम से जानी गयी। भारत में हरित क्रान्ति का आगमन भाग्यवश प्राकृतिक घटनाओं के परिणामस्वरूप नहीं हुआ।

जैविक खेती की जरूरत

कृषिर्धन्या कृषमर्धा जन्तूनां जीवनम कृषिः।
हिसांदिदोशयुत्कोपि मुच्यतेऽतिथि पूजनात॥

(ऋषि पराशर, स्मृति-8)

मृदा में जीवित सूक्ष्मजीव ही किसानों के जीवन आधार हैं। खेत की जुताई के समय यह जीव खेतों में मर जाते हैं। चूंकि विश्व को सम्पोषित करने के लिए खाद्यान्न उत्पादन हमारा प्रमुख कर्तव्य है, अतः सूक्ष्मजीवों को मारने जैसे पापयुक्त कृत्य से हम निरपराध हों।

भारत एक कृषि प्रधान देश है जिसकी लगभग 70% जनसंख्या कृषि जनित उत्पादों पर निर्भर रहती है। जैविक खेती, कृषि की वह पद्धति है जिसके अन्तर्गत रासायनिक पदार्थों का उपयोग न करके जैविक पदार्थों का अधिक से अधिक उपयोग किया जाता है एवं कम से कम जुताई करके मृदा की उर्वरता व वातावरण को खराब न करते हुए अधिक उत्पादन किया जाना है, जैविक खेती की संज्ञा दी जाती है। यह किसानों व मृदा स्वास्थ्य के लिये लाभदायक होने के साथ-साथ परिस्थितिकी को सुरक्षित रखती है और प्राकृतिक संसाधनों

के ऊपर पड़ने वाले दबाव को कम करने में सहायक सिद्ध होती है। भारत में कुछ क्षेत्र ऐसे हैं, जहाँ उर्वरकों, कीट, रोग एवं खरपतवार नाशियों का नाममात्र का प्रयोग किया जाता है। इन क्षेत्रों में निवासरत किसानों को उन कृषि उत्पादों की जैविक खेती करने के लिए प्रोत्साहित किया जाना चाहिए, जिनकी जैविक उत्पाद के रूप में काफी मांग है। जैविक खेती हमारी फसल अवशेषों या अन्य जीवधारियों से ही प्राप्त पदार्थों से की जाती है, जिसमें हम कृत्रिम खादों तथा रासायनिक मिश्रणों का प्रयोग बिल्कुल नहीं करते हैं। यह पद्धति मुख्यतः फसल चक्र, पशुधन खाद, दलहनी फसलों, हरी खादों, खेतों में बाकी बचे पुरानी फसलों के अवशेषों एवं जैविक कीट नियंत्रण पर निर्भर करती है जो हमारी मृदा की आवश्यकता को बनाये रखते हैं तथा जैविक खादें पौधों को मुख्य पोषक तत्वों जैसे नाइट्रोजन, फॉस्फोरस एवं पोटाश की आपूर्ति तो करती ही हैं, इनके अलावा कुछ अन्य सूक्ष्म पोषक तत्वों की आपूर्ति को भी सहायता प्रदान करती हैं।

जैविक कृषि का तात्पर्य केवल कृत्रिम खादों एवं रसायनों की जगह जैविक उत्पादों का कृषि हेतु प्रयोग ही नहीं, बल्कि यह एक ऐसा समुचित प्रबन्धन तंत्र है, जिसके द्वारा मृदा की उत्पादकता को बढ़ाया जा सकता है। उत्तम गुणवत्ता वाली मृदा में जीवित एवं मृत घटकों के अन्तर्गत जैविक पदार्थ, लवण, हवा और जल पाये जाते हैं, जो कि मृदा परिस्थितिक तन्त्र को एक दूसरे के पूरक के रूप में स्थैतिक अवस्था (होमियोस्टैटिक) में बनाये रखते हैं, एक अच्छी मृदा में प्रचुर मात्रा में सूक्ष्म जन्तु एवं पौधे पाये जाते हैं, जोकि ज्यादा तेजी से अपनी संख्या में वृद्धि कर लवणों की घुलनशीलता एवं निर्माण में सहायक होते हैं।

जैविक कृषि पद्धति की क्षमता मृदा की प्राथमिक उत्पादकता और इसके घटकों के आपसी संयोजन पर निर्भर रहती है जिसमें कि मृदा की उर्वरता या विभिन्न प्रकार के रोगों, कीटों या खरपतवारों की रोकथाम के लिए रसायनों का प्रयोग सर्वथा वर्जित होता है। यह प्रक्रिया जैविक कृषि को प्रदूषण से मुक्त रखती है। मृदा एवं जैविक उत्पादन क्षमता से अधिक से अधिक प्राप्त करने के लिए जैविक कृषि पद्धति में समुचित फसल चक्र, जैविक विविधता, पोषक तत्वों का चक्रीकरण एवं संचय सस्य क्रियाओं की संचययी पद्धतियों, कीटों, रोगों एवं खरपतवारों की समस्या के उन्मूलन के लिए प्राकृतिक एवं जैविक विधियों का प्रयोग किया जाता है।

जैविक कृषि के सिद्धान्तों को सरल तथा सुगम तरीके से समझने के लिए इसे इस प्रकार से परिभाषित कर सकते हैं।

जैविक खेती ऐसी पद्धति है, जिसमें कृत्रिम रसायनों का प्रयोग नहीं होता है। इसमें प्राकृतिक या मानव उत्प्रेरित भृदा या जल संसाधनों को होने वाली क्षतिपूर्ति का संचयन,

समुचित फसल प्रतिरूपों, जैविक संसाधनों तथा वन्य-कृषि प्रबंधन हेतु प्राकृतिक एवं जैविक साधनों का उपयोग किया जाता है जिससे कि मृदा की जैविक क्षमता एवं उपयोगी तन्त्रों की उत्प्रेरण क्षमता बढ़ती है तथा स्थिरता बनी रहती है।

जैविक कृषि पद्धति लम्बे समय तक कृषि उत्पादों की बढ़ोतरी एवं आत्मनिर्भरता एवं स्थायित्व प्रदान करने के साथ-साथ प्रबंधीय कृषि पारिस्थितिक तंत्र को निरन्तरता भी प्रदान करती है।

जैविक खेती को पर्यावरणीय खेती (खेती जो परिस्थितिक तंत्र से संबद्ध हो), जैविक कृषि (खेती जो जैविक विविधता से संबद्ध हो), जैव-गतिशील खेती (ऐसी खेती जो कि जैविक रूप से गतिशील पारिस्थितिक रूप से स्वस्थ्य एवं समगतिशील हो) जैसे विभिन्न नामों से जानी जाती है। जो कि मुख्यतः प्राकृतिक सिद्धान्तों पर आधारित है तथा अपने आप में समगतिशील है।

पफैन्टीलैनन (1990) के अनुसार जैविक कृषि वह पद्धति है, जिसमें हम प्रकृति से प्राप्त वस्तुओं के बदले में उसे पुनः उतनी ही या अधिक मात्रा में वापस कर देते हैं। यह एक सुरक्षित, सस्ती, लाभदायक एवं बुद्धिपरक पद्धति है।

जैविक कृषि वस्तुतः रसायनों का पूर्णतः बहिष्कृत रूप नहीं, वरन जैव-रसायनों का एकीकृत समायोजन है। मृदा, जल, सूक्ष्म पौधों तथा जन्तु जगत के मध्य संबन्ध जिसमें कि मनुष्य का स्थान सर्वेपरि है, यही जैविक कृषि के प्रमुख आधार हैं।

जैविक कृषि पूर्ण रूप से आधुनिक कृषि को बहिष्कृत नहीं करती वरन् अत्याधुनिक प्रौद्योगिकी विधियाँ, विभिन्न कृषि-जलवायु स्थितियों में उपयोगी है। जैविक खेती में मुख्यतः अत्यधिक जुताई, निराई-गुड़ाई, रासायनिक खाद एवं पौध संरक्षक रसायनों का प्रयोग नहीं किया जाता है। जैविक खेती में मुख्यतः भूमि के स्वास्थ्य को स्थिर बनाये रखना, पोषक तत्वों की उपलब्धता में वृद्धि करना, मृदा संरक्षण, अधिक एवं समगतिशील उत्पादन बढ़ाने आदि बातों को ध्यान में रखा जाता है।

जैविक खेती के सिद्धान्तों को जैविक कृषि आन्दोलन की अन्तर्राष्ट्रीय संस्था (आई.एफ.ओ.ए.एम) ने निम्नलिखित रूपों में दर्शाया है-

1. उत्तम गुणवत्ता युक्त खाद्य पदार्थों का अधिक मात्रा में उत्पादन करना।
2. कृषि पद्धति में अति-सूक्ष्म पौधों एवं जन्तुओं तथा बड़े पौधों एवं जन्तुओं का उपयोग कर जैविक चक्र को गति प्रदान करना।
3. मृदा की लम्बे समय तक उर्वरता बनाये रखना।
4. पशुओं को वो सभी सुविधाएँ उपलब्ध कराना, जिसमें वो सभी अपने जन्मजात क्रिया-कलापों के साथ सुखमय जीवनयापन कर सकें।

5. आनुवांशिक विविधता एवं उसके चारों तरफ पाये जाने वाले पेड़-पौधों तथा जीव-जन्तुओं व उनके आवास का संरक्षण।
6. कृषि पद्धति के वृहत्त वातावरण के साथ-साथ किसानों को अधिकतम उत्पादन द्वारा संतुष्टि प्रदान करना।

जैविक खेती का स्थान

जैविक खेती का लगातार चतुर्मुखी विकास हो रहा है। फरवरी, 2002 के दौरान एस.ओ.ई.एल. द्वारा किये गये सर्वेक्षण के अनुसार विश्व स्तर पर 1 करोड़ 70 लाख हैक्टेयर भूमि का प्रबन्ध किया गया था जिसका एक बड़ा क्षेत्र आस्ट्रेलिया (77 लाख) अर्जेन्टिना (28 लाख) तथा इटली (लगभग 10 लाख हैक्टेयर) के अधीन आता है। एक सर्वेक्षण में प्रतिशत के आधार पर स्विट्जरलैण्ड व आस्ट्रेलिया में सम्पूर्ण खेती करने योग्य भूमि के 10 प्रतिशत हिस्से में जैविक खेती की जाती है। इस प्रकार ये देश जैविक खेती करने वाले देशों की सूची में अग्रणी है। दूसरी तरफ हमारे देश में लगभग 2,838 हैक्टेयर भूमि पर ही जैविक खेती की जाती है जो कि सम्पूर्ण खेती करने योग्य भूमि का एक छोटा सा हिस्सा है।

ऐतिहासिक वृत्त को देखें तो पायेंगे कि जैविक खेती 1890 में एक ब्रिटिश वैज्ञानिक सर अल्बर्ट हावर्ड द्वारा उत्तरी प्रांत के एक गांव में प्रारंभ की गई थी, आज व्यावसायिक स्तर की जैविक खेती की बात की जा रही है। अन्तर्राष्ट्रीय जैविक कृषि आन्दोलन संघ द्वारा किये गये एक सर्वेक्षण के अनुसार भारत में 41,000 हैक्टेयर भूमि जैविक प्रबंधन के तहत आती है, जो कुल भूमि का 0.3 फीसदी था उद्योगों में 200 लाख अमरीकी डालर (100 करोड़ रुपये) का अनुमान लगाया गया। अपनी बाल्यावस्था में होते हुए भी भारत जैविक खेती के क्षेत्र में तेजी से बढ़ रहा है और अन्तर्राष्ट्रीय बाजार में एक धमाकेदार दस्तक दे चुका है, जैसे- सूखे मेवे, कपास, चाय बागान, मसालें, फल एवं सब्जियाँ अनाज, नीम, तिलहन, दालें और गन्ना आदि। आशा है कि जैविक खेती भारतीय निर्यात उद्योग के लिये उचित मूल्य दिलाने में एक अग्रगणी भूमिका निभाएगी।

जैव विविधता में हो रहे निरन्तर दोहन के कारण मानव अस्तित्व पर गहरा संकट मंडरा रहा है। यदि इसी प्रकार से जैव-विविधता का ह्रास होता रहा तो वर्ष 2050 तक विश्व की एक चौथाई प्रजातियाँ लुप्त हो जायेंगी। मानव जनसंख्या के चक्रीय परिवर्तन होने के साथ-साथ औद्योगिक गतिविधियों में बेहताशा वृद्धि होने का आकलन किया जा रहा है। इससे जैव विविधता की और क्षति होगी। पिछले छः सौ करोड़ वर्षों में एक प्रजाति प्रति वर्ष लुप्त होती चली गयी परंतु यह दर बढ़कर प्रतिदिन औसतन एक दर्जन के आस-पास हो गई है।

जैव विविधता के संरक्षण के संबंध में उष्ण कटिबंधीय वर्षा वनों की अहम भूमिका रही है। कुल भौगोलिक क्षेत्रफल के लगभग 7 प्रतिशत भूमि पर वर्षा वन फैले हुए हैं, परन्तु संसार की आधे से ज्यादा प्रजातियाँ अपने अस्तित्व के लिये इन वनो पर निर्भर रहती हैं। यदि जैव विविधता की विकट स्थिति पर तत्काल कदम नहीं उठाये गये तो 90 प्रतिशत जीव-जन्तुओं के निवासीय स्थान नष्ट हो जायेंगे और यह विकास की प्रक्रिया को पूरी तरह प्रभावित करेगी। चिड़ियाघरों, अभ्यारणयों या कुछ हरित क्षेत्रों में संरक्षित जीव जन्तुओं मात्र से जैव विविधता का संरक्षण नहीं हो सकता है। वस्तुतः जैव विविधता अपना संरक्षण स्वयं कर सकती है, जब मानव जनित क्रियाकलाप गणना हस्तक्षेप करना बन्द कर दें। यह एक वैश्विक प्रक्रिया है। जैव विविधता के संरक्षण के लिये विश्व के सभी समुदायों से सहयोग की अपेक्षा की जाती है, क्योंकि यह पर्यावरणीय मुद्दों में सबसे अहम् बन गया है।

यदि समय रहते जैव विविधता का संरक्षण नहीं किया गया तो आने वाली पीढ़ियाँ एक ऐसे परिवेश में जीवनयापन करेगी जहाँ जैव-विविधता न के बराबर होगी। परिणामस्वरूप अनेक उत्पादन क्षमता पर भी विपरीत असर पड़ सकता है। प्राकृतिक निवास स्थलों के नष्ट होने के कारण जीव-मण्डल का अस्तित्व गहरे संकट में पड़ गया है। कुछ प्रजातियाँ मानव के लिए अत्यन्त फायदेमन्द है, इनका उपयोग कृषि, औषधि-निर्माण उद्योगों में किया गया है। आनुवांशिक विविधता के अभाव में कृषि उत्पादों की गुणवत्ता को लम्बे समय तक संजोएं नहीं रखा जा सकता है।

खाद्यान्नों के अत्यधिक उत्पादन के लिए आनुवांशिकी विविधता अनिवार्य है। इसलिए जैविक संरक्षण के लिए किसी क्षेत्र की जैव-विविधता को पुनः स्थापित करना पड़ेगा। पर्याप्त मात्रा में उपलब्ध जीव-जन्तु ही जैव-विविधता का संरक्षण कर सकते हैं। सभी स्त्रोतों से उपलब्ध जीव-जन्तुओं की आपसी विविधता, चाहे ये जीव-जन्तु भूमि से संबंधित हों, वायु से, जल से, ये सब आपस में जटिल रूप से जुड़े हुए हैं तथा पर्यावरण के साथ सामंजस्य स्थापित किए हुए हैं। इन्हें ही जैव विविधता के रूप में संदर्भित कर सकते हैं। इनकी विविधता अंतरप्रजातीय हो सकती है या प्रजाति के अंदर व्यक्तिगत विविधता भी हो सकती है। यह वृहद् विविधता ही जीवन का दूसरा नाम है।

पृथ्वी पर उपलब्ध संसाधनों का उपयोग टिकाऊ विकास की अवधारणा को ध्यान में रखते हुए सुनियोजित तरीके से किया जाना चाहिए। आनुवांशिक संसाधनों के उपयोग से सम्बन्धित विवाद को भी शीघ्र सुलझाया जाना चाहिए। उन देशों को वित्तीय संसाधन उपलब्ध कराया जाना चाहिए। जहाँ पेड़-पौधों पर शोध करके नयी-नयी औषधियों की खोज की जा रही है क्योंकि इनकी अपेक्षा के कारण मानव अस्तित्व संकट में पड़ गया है। राष्ट्रीय

सुरक्षा हेतु जैव-विविधता का संरक्षण अति-आवश्यक है, क्योंकि इन्हीं की- स्टोन जातियों पर ही मनुष्य, प्राकृतिक पारिस्थितिक तंत्र पर निर्भर रहता है। दीमक परजीवी तथा रोगजनक सूक्ष्मजीव भी की-स्टोन प्रजातियाँ हैं। जैसा कि हम जानते हैं कि वैज्ञानिक प्रयोगशालाओं में मेढक का विच्छेदन नहीं किया जाता, क्योंकि मेढ़क भी एक की-स्टोन प्रजाति है जो मच्छरों तथा अन्य कीटों को खाकर उनकी संख्या कम करता है। मेंढ़कों के न रहने पर कीटों की संख्या इतनी अधिक हो जाएगी कि अन्य जन्तुओं तथा पौधों का रहना कठिन हो जाएगा। यही वजह है कि की-स्टोन जातियाँ पारिस्थितिक तन्त्र के स्वरूप को बनाए रखती है।

की-स्टोन वनस्पतियाँ तटीय अंचलों की सुरक्षा में अहम् भूमिका निभाती हैं। इनकी कमी के कारण जीविका के पारंपरिक संसाधनों में कमी आ रही है। परिणामस्वरूप लोग ग्रामीण जीवन को छोड़कर शहरों की ओर पलायन कर रहे हैं। इस प्रकार क्षमता से ज्यादा जनसंख्या के कारण पीने के पानी की समस्या होती जा रही है। जैव-विविधता में ह्रास के कारण मिट्टी को प्राकृतिक उर्वरक नहीं मिल पाते हैं, आज अनेक फसलों का अस्तित्व खतरे में पड़ गया है। बड़े पैमाने पर कीटनाशक दवाओं का प्रयोग होने के कारण अनेक लाभदायक सूक्ष्म जीव-जन्तु लुप्त होते जा रहे हैं।

मानव जीवन बिगड़ता जा रहा है, क्योंकि जैव-विविधता के अभाव में उन्हें संतुलित आहार और औषधि प्राप्त नहीं हो पा रही है। आम आदमी के पास इतने संसाधन भी नहीं हैं कि बाजार में उपलब्ध आधुनिक सामग्रियों का क्रय कर समुचित प्रयोग कर सकें। फसल और पशु विविधता जो कि भारतीय कृषि की आधारशिला है, इसका तेजी से ह्रास हो रहा है। हरित क्रांति का अनुभव करने वाले क्षेत्रों में जैव-विविधता तो प्रायः समाप्त हो गई है।

□□□

2

जैविक खेती : एक सफल प्रौद्योगिकी

आजकल कृषि उत्पादकता बढ़ाने के लिए खेती में जहरीले कृषि रसायनों का इस्तेमाल दिनोदिन बढ़ता जा रहा है। जिसके परिणामस्वरूप अनाज दालों, तिलहनों, मसालों, चारा, सब्जियों, फलों, दूध और दुग्ध उत्पादों जैसे खाद्य पदार्थों में कृषि रसायन अवशेषों की मात्रा बढ़ती जा रही है तो दूसरी तरफ इन विषाक्त रसायनों के अंधाधुंध इस्तेमाल से मृदा, जल और वातावरण भी दूषित होते जा रहे हैं। जिसका मानव स्वास्थ्य पर भी प्रतिकूल प्रभाव पड़ रहा है। विश्व व्यापार संगठन (डब्ल्यू.टी.ओ) और दूसरी एजेंसियाँ भी सुरक्षित और स्वास्थ्यवर्धक खाद्य पदार्थ की कमी को लेकर चिंतित हैं। जैसाकि सर्वविदित है।

विषाक्त खाद्य पदार्थों के कारण लोगों में विभिन्न प्रकार की बीमारियां फैल रही हैं और कृषि रसायनों के गलत और अत्यधिक इस्तेमाल से कृषि भूमि का उपजाऊपन और मृदा स्वास्थ्य भी बिगड़ता जा रहा है। आए दिन खाद्य पदार्थों में कीटनाशियों, व्याधिनाशियों, रासायनिक उर्वरकों और पादप नियामकों के अवशेष मौजूद होने की रिपोर्ट सामने आती रहती है। जैसे-जैसे खेती की सघनता बढ़ी है वैसे-वैसे अनेक विनाशकारी बीमारियां व कीड़ों का प्रकोप भी बढ़ा है। कृषि रसायनों के इस्तेमाल के लिए उचित परामर्श प्राप्त न होना भी किसानों के लिए चिंता का विषय बना हुआ है। खेती में रसायनों के अंधाधुंध इस्तेमाल से किसान का मित्र समझे जाने वाले केचुओं और अन्य लाभकारी बैक्टीरिया यानी जीवाणुओं की संख्या में भी कमी आई है। मिट्टी में उपस्थित अनेक सूक्ष्मजीव वास्तव में प्रकृति की ओर से दिया गया निःशुल्क खजाना है। ये सूक्ष्मजीव मृदा में होने वाली विभिन्न अपघटन तथा विघटन आदि क्रियाओं में सक्रिय रूप से भाग लेते हैं, जिससे पोषक तत्त्व तथा खनिज लवण पौधों को मिलते रहते हैं। ये सूक्ष्म जीव-

जंतु मिट्टी को भेद कर उसमें हवा और धूप के आवागमन को आसान बनाते हैं तथा मृदा की जल संरक्षण क्षमता बढ़ाते हैं।

आधुनिक परिवेश को देखते हुए खाद्य एवं खाद्य पदार्थों को विषाक्त कृषि रसायनों के कुप्रभाव से बचाना नितांत आवश्यक है। इस संबंध में जैविक खेती की महत्वपूर्ण भूमिका हो सकती है। फसलों से अच्छी गुणवत्ता की अधिक पैदावार लेने हेतु तथा जमीन के उपजाऊपन को बनाए रखने के लिए जैविक खेती का महत्वपूर्ण योगदान है। स्वस्थ जीवन के लिए हम सबको स्वच्छ वायु, जल, भोजन, चारा, ईंधन, आवास और प्रदूषण मुक्त पर्यावरण की आवश्यकता जरूरी है। ये आवश्यकताएँ कहीं न कहीं जैविक खेती से जुड़ी हुई हैं। साथ ही आधुनिक खेती में बढ़ती उत्पादन लागत भी किसानों को जैविक खेती की ओर प्रेरित कर रही है। जिसका मुख्य उद्देश्य कम से कम लागत मूल्य से अधिक से अधिक उत्पाद लेना तथा जमीन का उपजाऊपन कायम रख कर जहरमुक्त खाद्य पदार्थों का उत्पादन करना है।

जैविक खेती से तात्पर्य फसल उत्पादन की उस पद्धति से हैं जिसमें रासायनिक उर्वरकों, कीटनाशियों, व्याधिनाशियों, शाकनाशियों, पादप वृद्धि नियामको और पशुओं के भोजन में किसी भी रसायन का इस्तेमाल नहीं किया जाता बल्कि उचित फसल चक्र, फसल अवशेष, पशुओं का गोबर व मलमूत्र, फसल चक्र में दलहनी फसलों का समावेश, हरी खाद और अन्य जैविक तरीकों द्वारा भूमि को उपजाऊ शक्ति बनाए रखकर पौधों को पोषक तत्वों की प्राप्ति कराना एवं जैविक विधियों द्वारा कीट पतंगों और खरपतवारों का नियंत्रण किया जाता है। इस प्रकार जैविक खेती में जैविक उर्वरकों, जैविक खादों, हरी खादों एवं फसल अवशेषों का विशेष महत्व है। जैविक उत्पाद के लिए फसल ऐसे खेत में उगाई गई हो जिसमें कम से कम पिछले तीन वर्षों में किसी भी प्रकार के रसायनों या दवा का इस्तेमाल नहीं किया गया हो। इस तरह मिट्टी के अकार्बनिक रासायनिक तत्व पूरी तरह से समाप्त हो जाते हैं।

क्यों आवश्यक है जैविक खेती?

1. जैविक खेती से प्राकृतिक संसाधनों का उचित प्रबंधन होता है। भविष्य में इनकी उपलब्धता अत्यंत सीमित होगी।
2. जैविक खादों, जैविक उर्वरकों, फसल अवशेषों, कम्पोस्ट एवं वर्मी कम्पोस्ट के प्रयोग द्वारा मृदा की दीर्घकालीन उर्वरकता में वृद्धि एवं स्थापना।
3. भुखमरी, भूख जनित बीमारियों और कुपोषण आदि से मानव जाति को बचाने के लिए उच्च पोषक गुणवत्ता वाले खाद्य पदार्थों को पर्याप्त मात्रा में उपलब्ध कराना जिससे मानव स्वास्थ्य ठीक बना रहे।

4. बढ़ते आधुनिकीकरण एवं नई-नई कृषि प्रौद्योगिकियों द्वारा उत्पन्न मृदा, जल एवं वायु प्रदूषण को कम करना, ग्रामीण विकास एवं रोजगार को बढ़ावा देना।
5. जैविक खेती पद्धति का प्रमुख केंद्र बिंदु मृदा को स्वस्थ व जीवित रखते हुए मृदा में उपस्थित लाभकारी जीवाणुओं की जैविक क्रियाओं को बढ़ावा देना है।
6. आधुनिक खेती में रासायनिक उर्वरकों एवं कीटनाशियों के अंधाधुध इस्तेमाल से मृदा उर्वरता एवं मनुष्य के स्वास्थ्य पर बुरा प्रभाव पड़ रहा है। जैविक खेती का मुख्य उद्देश्य मृदा, पौधों, पशुओं का मुख्य उद्देश्य मृदा, पौधों, पशुओं एवं मनुष्यों के स्वास्थ्य को ध्यान में रखकर फसलों की उत्पादकता बढ़ाना है।
7. आधुनिक खेती में रासायनिक उर्वरकों की बढ़ती कीमतों और उनके कम उत्पादन से सीमांत और लघु किसान अत्यधिक परेशान हो रहे हैं।
8. मिट्टी की उपजाऊ शक्ति बनी रहें तथा मिट्टी में कार्बनिक पदार्थों की पर्याप्त मात्रा रहे जिससे सूक्ष्म जीवाणु निरंतर क्रियाशील बने रहें।
9. राष्ट्रीय व अंतर्राष्ट्रीय बाजारों में उपभोक्ताओं की जैविक उत्पादों (आर्गेनिक प्रोडक्ट्स) के प्रति मांग में दिनोंदिन वृद्धि हो रही है।
10. जैविक खेती को अपनाने से प्रति वर्ष खेती में इस्तेमाल होने वाले हजारों टन रासायनिक उर्वरकों एवं कीटनाशियों के इस्तेमाल में कमी आएगी।
11. खेती में जहरीले कीटनाशियों का इस्तेमाल कम होने से पारिस्थितिकी एवं पर्यावरण संतुलन बना रहेगा। साथ ही फसल उत्पादों को रासायनिक दवाओं के कुप्रभाव से बचाया जा सकता है।
12. औद्योगिक उत्पादों की गुणवत्ता में सुधार होने के कारण इनका आसानी से निर्यात किया जा सकेगा जिससे हमें विदेशी मुद्रा अर्जित करने में मदद मिलेगी।

जैविक खेती के प्रमुख अवयव

जैविक खाद :-देश में प्रयोग की जाने वाली जैविक खादों में गोबर की खाद कम्पोस्ट खाद, वर्मी कम्पोस्ट, मुर्गी खाद, पशुओं के नीचे का बिछावन, सुअर एवं भेड़-बकरियों की खाद तथा गोबर गैस खाद प्रमुख हैं। साधारणतया गोबर एवं कम्पोस्ट की एक टन खाद से औसतन 5 किलोग्राम नाइट्रोजन, 2-5 किलोग्राम फॉस्फोरस एवं 5 किलोग्राम पोटाश मिल जाती है। परंतु हम इनका 50 प्रतिशत ही प्रयोग कर पाते हैं। अधिकतर गोबर का प्रयोग किसान उपलों के रूप में जलाने के लिए करते हैं। कुछ बायोडायनमिक खादें जैसे गोमूत्र, गाय के सींग की खाद, हड्डी की खाद का प्रयोग भी जैविक खेती में किया जा रहा है। इसके अलावा चीनी मिल की खाद, सीवर की खाद व कालीन उद्योग अवशिष्ट का

भी प्रयोग किया जा सकता है। फसल अवशेष खरपतवारों, शाक सब्जियों की पत्तियों एवं पशुओं के गोबर को मिला कर केंचुओं की सहायता से बनाए हुए खाद को वर्मी कम्पोस्ट या केंचुआ खाद कहते हैं। इस विधि द्वारा कार्बनिक अवशेषों को एक लंबे ढेर में रख कर केंचुए छोड़ दिए जाते हैं। करीब 45 दिन में वर्मी कम्पोस्ट बन कर तैयार हो जाती है। जैविक खादें मृदा की गुणवत्ता में सुधार करने के साथ-साथ मुख्य, द्वितीय और सूक्ष्म तत्वों की उपलब्धता को भी बढ़ाते हैं। किसी फसल में जैविक खादों की दी गई मात्रा का केवल 30 प्रतिशत ही पहले साल में उपयोग होता है, शेष मात्रा अगली फसल द्वारा उपयोग की जाती है। जैविक खादों में ह्ययूमिक पदार्थ होने के कारण मृदा में फॉस्फोरस की उपलब्धता भी बढ़ जाती है।

जैविक उर्वरक-फसलों का अच्छा उत्पादन लानें में जैविक उर्वरकों का प्रयोग लाभदायक सिद्ध हो रहा है। इनमें राइजोबियम कल्चर, एजोटोबैक्टर एजोस्पाइरिलम, पी.एस.बी., एजोला, वैसीकुलर माइकोराइजा, नील हरित, शैवाल तथा बायो एक्टीवेटर आदि प्रमुख हैं। टिकाऊ खेती एवं मृदा स्वास्थ्य को बनाए रखने के लिए जैविक उर्वरकों का प्रयोग अति-आवश्यक है। जैविक उर्वरक कम खर्च पर आसानी से उपलब्ध हैं तथा इनका प्रयोग भी बहुत आसान है। जैविक उर्वरकों के प्रयोग से विभिन्न फसलों की उपज में 10 से 25 प्रतिशत तक वृद्धि होती है। इनको जैविक खेती प्रबंधन का मुख्य अवयव माना जाता है। राइजोबियम व एजोटोबैक्टर वायुमंडल में उपस्थित नाइट्रोजन (78 प्रतिशत) को यौगिकीकरण द्वारा भूमि में जमा करके पौधों को उपलब्ध कराते हैं। पी.एस.बी. मृदा में अघुलनशील फॉस्फोरस को घुलनशील अवस्था में परिवर्तित कर पौधों के लिए फाँस्फोरस की उपलब्धता बढ़ाते हैं, जिससे अगली फसलों को भी लाभ पहुँचता है। इसके अलावा जीवाणु उर्वरक पौधों की जड़ों के आस-पास (राज़ोस्फीयर) वृद्धिकारक हार्मोन उत्पन्न करते हैं जिससे पौधों की वृद्धि व विकास पर अनुकूल प्रभाव पड़ता है। जैविक उर्वरकों का चयन फसलों की किस्म के अनुसार ही करना चाहिए। रासायनिक उर्वरकों, शाकनाशियों व कीटनाशियों के साथ जैविक उर्वरकों का कभी भी प्रयोग नहीं करना चाहिए। जैविक उर्वरक प्रयोग करते समय पैकेट के ऊपर उत्पादन तिथि, उपयोग की अंतिम तिथि व संस्तुत फसल का नाम अवश्य देख लें। प्रयोग करते समय जैविक उर्वरकों को धूप व गर्म हवा से बचा कर रखना चाहिए।

हरी खाद-हरी खाद का प्रयोग करने से मृदा में कार्बन, नाइट्रोजन, फॉस्फोरस व पोटाश जैसे मुख्य तत्वों के अलावा सभी द्वितीयक एवं सूक्ष्म पोषक तत्वों की मात्रा व उपलब्धता बढ़ाई जा सकती है। हरी खाद के लिए मुख्यतः दलहनी फसलों का प्रयोग किया जाता है। इनमें सनई, ढैंचा, लोबिया, मूंग, ग्वार व सोयाबीन प्रमुख है। इन फसलों से हरी खाद बनाने में मात्र दो माह का समय लगता है। ये सभी फसलें अल्प अवधि वाली व तेजी

से बढ़ने वाली है। इन फसलों को फूल आने से पूर्व मिट्टी पलटने वाले हल की मदद से या हैरो से मिट्टी में दबा दिया जाता है। हरी खाद की फसल को लगभग 10 दिन का समय सड़ने में लगता है। इसके बाद खेत को तैयार करके अगली फसल की बुवाई व रोपाई कर दी जाती है। हरी खादों के प्रयोग से खेत में 20-30 किलोग्राम नाइट्रोजन आसानी से सुरक्षित कर सकते हैं। इसके अतिरिक्त फॉस्फोरस, पोटाश व सूक्ष्म पोषक तत्वों का भंडार भी बढ़ाया जा सकता है। बहुउद्देशीय पेड़-पौधों जैसे सुबबूल व नीम की पत्तियाँ एवं टहनियों का प्रयोग भी हरी खाद के रूप में किया जा सकता है। किसान भाइयों को दो-तीन साल में एक बार हरी खाद की फसलों को अवश्य उगाना चाहिए। इससे भूमि की उर्वरा शक्ति तो बढ़ती ही है, साथ ही मृदा स्वास्थ्य में भी सुधार होता है। परिणामस्वरूप अगली फसलों का उत्पादन भी अच्छा होता है। इस प्रकार भूमि की जलधारण क्षमता तथा फसलों की जल की उपलब्धता को भी बढ़ाया जा सकता है।

फसल अवशेष प्रबंधन-साधारणतया किसान फसल उत्पादन में फसल अवशेषों के योगदान को नजरअंदाज कर देते हैं। उत्तर-पश्चिम भारत में धान-गेहूँ फसल चक्र के अंतर्गत फसल अवशेषों का प्रयोग आम बात है। कृषि में मशीनीकरण और बढ़ती उत्पादकता की वजह से फसल अवशेषों की अत्यधिक मात्रा उत्पादित होती जा रही है। फल कटाई उपरांत दाने निकालने के बाद प्रायः किसान अवशेषों को जला देते हैं। फसल अवशेषों का प्रयोग जैविक खेती में करके मृदा में कार्बनिक कार्बन की मात्रा में सुधार किया जा सकता है। इसी प्रकार सब्जियों के फल तोड़ने के बाद इनके तने, पत्तियाँ और जड़ें खेत में रह जाती हैं जिनकी जुताई करके मृदा में दबाने से खेत के उपजाऊपन में सुधार होता है। फसल अवशेषों में खलियां, पुआल व भूसा अवशिष्ट प्रमुख हैं। नीम की निबौली एवं नीम की खली में पोषक तत्व तो मिलते ही हैं साथ ही ये विभिन्न प्रकार के हानिकारक कीटों को भी नष्ट करती हैं। यद्यपि फसल अवशेष का पोषक तत्व प्रदान करने में महत्वपूर्ण योगदान है। परंतु अधिकांशतः फसल अवशेषों को खेत में जला दिया जाता है या खेत के बाहर फेंक दिया जाता है। फसल अवशेष पौधों को पोषक तत्व प्रदान करने के साथ-साथ मृदा की भौतिक, रासायनिक और जैविक क्रियाओं पर भी अनुकूल प्रभाव डालते हैं। फसल अवशेष क्षारीय मृदाओं के पी.एच.को कम करके उन्हें खेती योग्य बनाने में भी मदद करते हैं।

खरपतवार नियंत्रण-जहां तक हो सके जैविक खेती में खरपतवारों का नियंत्रण निराई-गुड़ाई द्वारा ही करना चाहिए। इसके अलावा गर्मियों में गहरी जुताई, सूर्य की किरणों द्वारा जुताई, सूर्य की किरणों द्वारा सोलेराइजेशन, उचित फसल प्रबंधन व प्रति इकाई क्षेत्र पौधों की पर्याप्त संख्या अपना कर खरपतवारों को नियंत्रित किया जा सकता है। साथ ही खरपतवारों को खाने वाले परजीवी व अन्य बैक्टीरिया का प्रयोग किया जा सकता है। कांग्रेस

घास (**पारथेनियम-हिस्टोफोरस**) जो फसलों में उगने के अलावा मनुष्यों व पालतू जानवरों में खुजली व अन्य बीमारियां फैलाता है, इनको जाइगोग्रामा परजीवी खाकर समाप्त कर देती है। भारत सरकार की ओर से इस बीटिल को जगह-जगह छोड़ा जा रहा है ताकि इस हानिकारक घास के प्राकृतिक तौर पर बढ़ने पर रोक लगायी जा सके। सोलेराइजेशन की क्रिया में फसल काटने के बाद मिट्टी को हल चला कर छोड़ देते हैं। सूर्य की गर्मी से मिट्टी का तापमान बढ़ता है। इस क्रिया को अधिक प्रभावशाली बनाने के लिए सफेद पारदर्शी पॉलिथीन की चादर से भी जमीन को ढक कर रखते हैं। जिसके फलस्वरूप मृदा तापमान में वृद्धि होती है और खरपतवारों के बीज व वानस्पतिक भाग अंकुरण के लिए निष्क्रिय हो जाते हैं। इसके अलावा जैविक खेती में मुख्य फसल बोने से पहले खरपतवारों को उगने का अवसर देकर भी समाप्त किया जा सकता है। इस विधि में पहले खेत की सिंचाई कर देते हैं। जिससे नमी पाकर अधिकांश खरपतवार उग आते है फिर खेत में हल चलाकर इन खरपतवारों को नष्ट कर दिया जाता है। फसलों जैसे सब्जियों, फलों व कपास में ड्रिप सिंचाई तकनीक अपनाकर भी खरपतवारों के प्रकोप को कम किया जा सकता है। इस विधि में मुख्य फसल की जड़ों के आस-पास पानी बूंद-बूंद करके आवश्यकता पड़ने पर ही दिया जाता है। कभी-कभी मुख्य फसल के साथ कम अवधि वाली फसलों को अंतः फसल (इंटर क्रांपिंग) के रूप में उगा कर भी खरपतवारों की संख्या को कम किया जा सकता है।

कीटों एवं रोगों पर नियंत्रण-जैविक खेती के अंतर्गत कीट व रोगों का नियंत्रण भी जैविक साधनों द्वारा ही किया जाना चाहिए। अलग-अलग सब्जियों, फलों व फूलों वाली फसलों में विभिन्न प्रकार के कीट-पतंगे पाए जाते हैं। ये कीट-पतंगे पत्तियों, कलियों, तना एवं फलों का रस चूसते हैं या उनको कुतर कर खा जाते है। इससे फसलों की गुणवत्ता खराब हो जाती है। जिसके परिणामस्वरूप किसानों को बाजार में पैदावार का उचित मूल्य नहीं मिल पाता है। फसल पर नीम, लहसुन, हल्दी, मेथी आदि के प्रयोग से कई प्रकार के कीड़े या तो नष्ट हो जाते हैं या दूर भाग जाते हैं। इसके लिए नीम की निबौली के पाउडर को एक ग्राम प्रति लीटर पानी में घोल कर छिड़काव किया जा सकता है। इसी प्रकार नीम के तेल (1-5 प्रतिशत) एवं करंज के तेल के संयुक्त छिड़काव से फसलों को कीटों से बचाया जा सकता है। आजकल नीमगोल्ड नीम का तेल, निमोलीन आदि नीम वृक्ष से तैयार जैविक कीटनाशी बाजार में आसानी से उपलब्ध हैं।

ट्राईकोग्रामा सब्जियों में कीड़ों की रोकथाम के लिए उत्तम पाया गया है। ट्राईकोग्राम एक सूक्ष्म अंड परजीवी है जो तना छेदक, फली छेदक व पत्ती खाने वाले कीटों के अंडों पर आक्रमण करते हैं। ट्राईकोकार्ड पोस्टकार्ड की तरह ही एक कार्ड होता है जिस पर लगभग 20 हजार परजीवी ट्राईकोग्रामा पलते हैं। यह कार्ड कपास, गन्ना, धान जैसी फसलों

में लगने वाले बेधक कीड़ों के नियंत्रण हेतु खेतों में लगाया जाता है। एक एकड़ क्षेत्र के लिए 2 से 3 कार्ड प्रति सप्ताह की दर से 5-6 बार लगाने से कीटों की रोकथाम में मदद मिलती है। इसी प्रकार ट्राईकोडरमा एवं न्यूमैरिया भूमि जनित फफूंद वाली बीमारियों जैसे विल्ट, कोलर रोट व नर्सरी में पौधों को सड़ने की रोकथाम हेतु अच्छे सिद्ध हुए हैं। बीजोपचार के लिए 6 से 8 ग्राम चूर्ण प्रति किलोग्राम बीज से भूमि उपचार के लिए 2 से 3 किलोग्राम चूर्ण प्रति हैक्टेयर की दर से गोबर व वर्मी कम्पोस्ट में मिलाकर डालने से विभिन्न भूमि जनित फफूंद रोगो की रोकथाम की जा सकती है। इस प्रकार कृषि रसायनों के प्रतिकूल प्रभावों से भूमि को बचाया जा सकता है। इसके अलावा उचित फसल चक्र ट्रैपक्रॉप एवं फसलों की प्रतिरोधक प्रजातियों को अपनाकर भी कीटों व रोगों की रोकथाम की जा सकती है।

□□□

3

जैविक उत्पाद : वैश्विक परिवेश में

जैविक खेती से उत्पादित खाद्यान्न वस्तुओं की अधिक मांग बाजार में ज्यादा रहती है क्योंकि इनमें रसायनों के अवशेष ज्यादा पाए जाते हैं। रासायनिक खेती द्वारा तैयार सामग्री में किसान दूसरे दिन सब्जी को मंडी में ले आते हैं। यदि 7-10 दिन बाद सब्जी तोड़ने का इंतजार करें तो सब्जी पक जायेगी और बाजार में भाव भी कम मिलेंगे। रासायनिक खेती में रसायनों का प्रयोग मात्र रोग नियंत्रण तक ही सीमित नहीं है अपितु सब्जियों को चटक रंग के रंगना भी है आजकल तो गोभी को सफेद करने एवं भिंडी को हरा करने के लिए भी उन पर भी रसायनों का छिड़काव किया जाता है और ये बात उपभोक्ता को मालूम भी होने लगी है जिसके कारण आज ज्यादा जागरूक उपभोक्ता जैविक खेती से उत्पादित फल और सब्जियों को ही क्रय करना पसंद करने लगे हैं। कई जैविक उत्पादों का विदेशों में निर्यात काफी मात्रा में हो रहा है और आगे भी इसकी सम्भावनायें हैं, जैसे बासमती चावल, सोयाबीन, मंसूर, तिल, मूंगफली, गुड़, शक्कर, आम, अनानास, लीची, केला, कपास, मसाले, कॉफी और चाय, शहद, नारियल के उत्पाद, काजू, अखरोट इत्यादि। इनके अलावा फलों के उत्पादों को सीधे संसाधित कर जैसे आम का रस, लीची का रस, मौसमी का रस, केले का रस या सूखा केला आदि भी निर्यात किया जा रहा है। उपर्युक्त फसलों के उत्पादन पर विशेष प्रयास किये जा रहे हैं। अन्य क्षेत्रों में भी इनकी मांग काफी तेजी से बढ़ रही है। औषधीय पौधों का जैविक विधि से उत्पादन, औषधीय पौधों को रासायनिक खेती से अमृत की बजाय विष बनने से बचाने के लिए आवश्यक है कि औषधीय पौधों की खेती सदैव जैविक विधि से ही की जानी चाहिए।

विश्व में मुख्यतः तीन तरह के मानक है, यूरोप, अमेरिका और जापान जिनमें थोड़ा ही अन्तर है अतः प्रमाणीकरण कराते समय यह ध्यान रखना चाहिए कि जिस देश को

निर्यात करना है वहां का मानक क्या है व कौन सी प्रमाणीकरण संस्था की उस देश में मान्यता है? सबसे बड़ी बात यह है कि अधिकांश मानकों में 'खेती के लिए' बनाये गये मानकों में विशेष अंतर नहीं है। मानकों में मुख्य अन्तर प्रसंस्करण और खेत के बाद के रख-रखाव व पैकिंग आदि से संबंधित है। हमारे देश के लिए बनाये गये मानक समिश्रण हैं और इन मानकों के आधार पर उत्पादन करने से देश-विदेश की आवश्यकता के अनुसार थोड़ा फेर-बदल करके निर्यात किया जा सकता है।

विश्व व्यापार संधि में उर्वरक व कीटनाशकों के अवशेष व गुणवता संबंधी कठोर नियम (कोडक्स एलीमेन्टस) बनाये गये हैं। दूसरे खुले विश्व व्यापार की भारी-प्रतिस्पर्धा में वही वस्तु बाजार में टिक पायेगी या बिकेगी जिसकी लागत कम और गुणवत्ता अच्छी होगी और जैसा कि पहले बताया गया है कि जैविक उत्पाद में में ये दोनों ही विशेषताएँ होती हैं। तीसरी विशेषता जैविक खेती की यह है कि जैविक खेती के उत्पादों की मांग बढ़ रही है हालांकि अभी कुल विश्व बाजार का 3 प्रतिशत ही जैविक उत्पाद है किन्तु प्रतिवर्ष 25-40 प्रतिशत की वृद्धि दर होने से भविष्य से मांग बनी रहने की प्रबल सम्भावनाएँ हैं और यदि मांग बनी रही तो, प्रतिस्पर्धा का असर बहुत कम हो जाता है अतः विश्व व्यापार संधि की प्रतिस्पर्धा और विकसित देशों द्वारा उत्पाद पर दी जाने वाली भारी सब्सिडी के बावजूद जैविक खेती और उत्पादन को विश्व बाजार अन्तर्राष्ट्रीय बाजारों से जैविक उत्पाद की मांग आई.पी.सी.2001 तक ले जाने की असीम क्षमताएँ हैं।

जैविक उत्पाद का बाजार

जैविक खेती और जैविक रूप से संसाधित उत्पादों के विक्रय को लेकर किसानों और उत्पादकों के मन में कई आशंकाएं होती हैं। ये निम्नलिखित हैं—

1. जैविक खेती से उत्पाद कम होता है अतः रासायनिक खेती की अपेक्षाकृत लागत अधिक हो सकती है।
2. इसके प्रमाणीकरण में 2-4 वर्ष तक का समय लगता है।
3. वैश्विक बाजार में जैविक खेती से उत्पादित वस्तु उपभोक्ता को पसंद आयेगी या नहीं?
4. प्रमाणीकरण के बिना भी जैविक उत्पाद का अच्छा मूल्य मिल सकता है या नहीं?
5. जैविक खेती का प्रमाणीकृत उत्पाद कई ग्रेड में बिकता है या नहीं?

जब रासायनिक खेती से जैविक खेती में भूमि को बदला जाता है तो मृत भूमि को जैविक खाद द्वारा जीवित करने में लगभग 1-2 वर्ष का समय लगता है क्योंकि जैविक खाद

धीरे-धीरे अपना असर दिखाती है। इसके बाद सब कुछ रासायनिक खेती से कई गुना अच्छा हो जाता है अर्थात् शुरू के 1-2 वर्ष उपज के बाद जैविक खेती में रासायनिक खेती की अपेक्षा अधिक उपज प्रारम्भ हो जाती है और वह भी लम्बे समय तक दूसरे जैविक खेती की लागत रासायनिक खेती की अपेक्षा काफी कम आती है क्योंकि खाद, बीज, कीट नियंत्रक आदि किसान द्वारा बनाये जाते हैं। जिनकी लागत बाजार में मिलने वाली रासायनिक उर्वरक व कीटनाशकों से बहुत कम होती है जैसे एक किलोग्राम (30 रु) राइजोबियम कल्चर से 800 रु की यूरिया के बराबर जमीन में नत्रजन स्थापित होती है।

जैविक खेती के प्रमाणीकरण के परिवर्तन काल की अधिकतम सीमा एक वर्षीय फसलों के लिए चार साल तक रखी गयी है। जैविक खेत बनाने की प्रक्रिया शुरू करने से पहले उस खेत में कितना रासायनिक उर्वरक व कीटनाशकों का प्रयोग किया गया है, यदि कम किया गया है तो परिवर्तन काल 1-2 वर्ष भी हो सकता है। यह इस बात पर निर्भर करता है कि खेत के रसायनों के अवशेष निकालने और जैविक खेती बनाने का प्रबंधन कितना अच्छा किया गया है। सभी तकनीकों को समन्वित रूप से यदि अपनाया जाये तो सीमित समय में भूमि का जहर निकाला जा सकता है।

परिवर्तन काल के पहले दो वर्षों तक उत्पाद की पैकिंग पर लिख दिया जाता है कि यह उत्पाद जैविक परिवर्तन काल में पैदा किया गया है। बाजार में सभी तरह के उपभोक्ता रासायनिक खेती के बजाय परिवर्तन काल के खेत से पैदा किये फसल या उत्पाद को भी पसंद करते हैं।

हर जागरूक व्यक्ति जानने लगा कि रासायनिक उर्वरक और कीटनाशक के प्रयोग से पैदा हुआ उत्पाद स्वास्थ्य के लिए हानिकारक है। आजकल अक्सर सुनने को मिलता है कि उर्वरक से पैदा किये अनाज, फल सब्जी में स्वाद की कमी हो गयी है। सभी उत्पादों की मात्रा तो बढ़ी है पर गुणवत्ता घटी है। ऐसे समय में आज हर जागरूक उपभोक्ता यह चाहता है कि वह ऐसे खाद्य का प्रयोग करे जो उर्वरक कीटनाशक के अवशेष से मुक्त हो और जैविक खेती उत्पादित हो।

चूंकि पश्चिमी देशों में साक्षरता और जागरूकता दोनों ही अच्छी है इसलिए वहां इसकी मांग प्रतिवर्ष 25-40 प्रतिशत तक बढ़ रही है। भारत में भी मांग बढ़ रही है। भारत में मांग बढ़ने का प्रत्यक्ष प्रमाण यह है कि भारत सरकार के विभाग एपीडा ने जैविक खेती का लेबल जारी किया है और कई योजनाएं चलाई हैं। देश के कई बड़े-बड़े व्यवसायियों ने भी किसानों से अनुबंध कर जैविक खेती प्रारम्भ की है। यदि उपभोक्ता की पंसद का प्रत्यक्ष प्रमाण देखना हो तो किसान को अपने मिलने वाले व्यापारी व अन्य लोगों के बीच यह घोषणा करके देखें कि इस बार गेहूँ, चावल या अन्य कोई खाद्य उसके खेत पर जैविक

खेती से तैयार किया जाएगा। उसका तत्कालिक असर यह होगा कि उत्पाद के खरीदने हेतु लोग पहले सौदा करेंगे। रासायनिक खेती की अपेक्षा जैविक खेती का उत्पाद लोग खरीदने को शीघ्र तैयार हो जायेंगे।

प्रमाणीकरण उपभोक्ता को दिलाया जाने वाला लिखित विश्वास है जिसके आधार पर उपभोक्ता बिना उत्पादक से सीधा सम्पर्क करके यह विश्वास कर सकता है कि वह जो उत्पाद खरीद रहा है उसका उत्पादन जैविक खेती के मानकों के अनुसार ही हुआ है। यह लिखित विश्वास उपभोक्ताओं और आयातकों के लिए उपयोगी है। जो दूसरे देशों में रहते हैं और उनका हमारे देश में आकर उत्पादन को देख पाना व्यावहारिक नहीं है। अतः निर्यात कराने के लिए जैविक उत्पादों का प्रमाणीकरण एक आवश्यकता हो सकती है किन्तु हमारे अपने देश के एक अरब उपभोक्ताओं में बिना प्रमाणीकरण के भी विश्वास पैदा किया जा सकता है। उत्पाद के पैकेट पर बिना प्रमाणीकरण के 100 प्रतिशत जैविक लिखना कानूनन अपराध है।

अतः ऐसा अनुमान है कि जैविक खेती की सामग्रियों को ग्राम स्तर पर बनाकर सफलता पूर्वक विक्रय किया जा सकता है इससे न केवल सहकार और पड़ोसी से प्रेम की भावना पैदा होगी वरन् कई लोगों को गांव में ही रोजगार मिल सकेगा और ग्रामीणों का शहर की ओर पलायन रुकेगा।

हमारी परंपरागत खेती तो प्रकृति के नियमों के अनुसार ही होती थी यानि विविधता बनाये रखना, फसल चक्र, जैविक खाद का प्रयोग आदि। पड़ोसी भी परम्परागत खेती में बड़ा सहयोगी होता था। गांव के स्तर पर उन्नत बीज बनाना, जुताई और निराई का कार्य सभी मिलजुल कर करते थे और इन सबसे बढ़कर ग्राम स्तर पर प्राकृतिक संसाधनों जैसे जल और पेड़ पौधों का संरक्षण किया जाता था। यानि प्रकृति और पड़ोसी के साथ सहजीवी संबंध रखा जाता था।

पांचवे दशक में हुई रासायनिक खेती की शुरूआत जिसमें प्रकृति के साथ रासायनिक युग शुरू हुआ यानि नत्रजन, फास्फोरस आदि सभी तत्व जो पहले प्राकृतिक स्रोतों से जैसे- जैविक खाद, हरी खाद आदि से मिलते थे, उन्हें अब यूरिया, डी.ए.पी. आदि उर्वरकों से दिया जाने लगा। पड़ोसी के सहयोग की जगह ट्रैक्टर और खरपतवार नाशक कीटनाशक रसायनों ने ले ली है। अब तो सहयोग के बजाय पड़ोसी से पानी बंटवारे, पशुओं से रखवाली पर झगड़े तो राज्य और देशों के स्तर तक पहुँच गए हैं स्वयं के खेत में कीटनाशक के छिड़काव से पड़ोसी के घर परिवार, पालतू पशुओं को क्या नुकसान होगा इसकी कोई चिन्ता नहीं है। यूरिया और कीटनाशक के अवशेष की कितनी मात्रा पानी व हवा में मिलकर जनजीवन को

कैंसर जैसे रोगों से ग्रसित होने के लिए मजबूर कर रहे हैं इनका इस्तेमाल करने वाले के पास इस बारे में सोचने का समय नहीं होता है।

अधिक उत्पादन हेतु रसायनों का अधिकाधिक इस्तेमाल करने की मानसिकता प्रकृति और पड़ोसी के सहयोग की बजाय उन्हें जीतने का रास्ता अपनाने से आज किसान के जीवन में स्थायित्व लाने के लिए यह जरूरी है कि लड़ाई के बजाय प्रकृति और पड़ोसी से मिलकर काम किया जाये और जैविक खेती सदैव इस प्रकार के समन्वय से ही हो सकती है।

जैविक खेती में प्राकृतिक स्रोतों से पोषक तत्वों के प्रबंध और प्राकृतिक कारकों द्वारा रोग कीट प्रबंधन के साथ ही इनको समन्वित रूप से अपनाने के लिए आस-पड़ोस के किसानों या ग्राम स्तर और प्रबंधन से ही सम्पूर्ण सफलता मिल सकती है। यदि एक किसान जैविक खेती कर रहा है तो आस-पास के सभी किसान रासायनिक उर्वरक व कीटनाशकों का उपयोग कर रहे हैं तो उस किसान (जैविक खेती वाले) के खेत पर भी इन रसायनों का थोड़ा ज्यादा असर होगा। जिससे उसे जैविक खेती के संपूर्ण लाभ नहीं मिल पाएंगे। अतः कई किसान सामूहिक रूप से जैविक खेती अपनायें जिससे न केवल उसके प्रबंध में आसानी रहेगी, वरन् उपभोक्ता को या बाजार में सिर्फ यह बताना होगा कि गांव में सभी किसान जैविक खेती से खाद्यान्न पैदा कर रहे हैं और बाजार में उसे किसान समूह के लिए विश्वास पैदा हो जायेगा।

इसी बाजार या उपभोक्ता के विश्वास को सरल बनाने के लिए विश्व स्तर पर एक प्रक्रिया बनाई गयी है, जिससे प्रमाणीकरण या सर्टीफिकेशन कहते है। इसके कई नियम-विधान बनाये गये हैं जिनके आधार पर प्रमाणीकरण संस्था यह प्रमाण-पत्र देती है कि अमुक किसान का खेत था, किसान समूह के खेतों में उसके द्वारा उगाई गई फसल या उत्साह 100 प्रतिशत जैविक विधि से तैयार किया गया है।

ये प्रमाणीकरण संस्थाएँ अधिकांश संस्थाओं की शाखाओं के रूप में हमारे देश में काम कर रही हैं। ये अक्सर प्रमाणीकरण हेतु अच्छी खासी रकम या फीस लेती हैं। अतः उन किसानों के लिए जिन्हें अपना उत्पाद अमेरिका, यूरोप, आस्ट्रेलिया, जापान आदि देशों को निर्यात करना है उन्हें ही इन संस्थाओं से प्रमाणीकरण कराना चाहिए।

हमारे देश में 'एपीड़ा' (कृषि और प्रसंस्कृत खाद्य उत्पाद निर्यात विकास प्राधिकरण) जो भारत सरकार की संस्था के मार्ग निर्देशन में सन 2000 में राष्ट्रीय जैविक उत्पादन कार्यक्रम शुरू किया गया है और एपीडा, दिल्ली; चाय बोर्ड कलकत्ता; काफी बोर्ड, बैंगलोर और मसाला बोर्ड, कोचिन को प्रमाणीकरण के नियम बनाने व प्रमाणीकरण करने वाली संस्थाओं को नियुक्तिकरण (एक्रीडेशन) का कार्य दिया गया

है। इन संस्थाओं के मार्गदर्शन में कई प्रमाणीकरण संस्थाएँ कार्य कर रही हैं जिनसे प्रमाणीकरण कराया जा सकता है।

जैविक खेती में उपयोग किये जाने वाले सभी आदान जैसे- जैविक खाद, वर्मी कम्पोस्ट, खली की खाद आदि भी जैविक स्रोतों से ही बनाये जाने चाहिए। अर्थात् यदि कम्पोस्ट खाद बनाना है तो उसमें ऐसे खेत का फसल अवशेष ही मिलाना चाहिए, जहां रासायनिक उर्वरक व कीटनाशक का प्रयोग पिछले तीन वर्ष से न किया गया हो और ऐसा गोबर या पशु अपशिष्ट ही उपयोग में लेना चाहिए, जिन्होंने जैविक विधि से उगाया चारा ही खाया हो और उनका पालन भी (जैविक तरीके से रोग दूर करने हेतु रासायनिक दवाई व एन्टीबायोटिक का प्रयोग नहीं) किया गया हो। कहने का भाव यह है कि पूरा कृषि तंत्र ही जैविक बन जाना चाहिए ताकि किसी भी स्रोत (खाद, बीज, कीट नियंत्रक) से रासायनिक उर्वरक व कीटनाशकों के अवशेष खेत में न आने पायें। मानव मल, खून, हड्डी, शहर का अपशिष्ट जल आदि कई ऐसे पदार्थ होते हैं जिसमें कई रसायन व रोग कारक जीवाणु हो सकते हैं। इन सभी पदार्थों के पूर्णतः रोगकारक व हानिकारक रसायन, उर्वरक कीटनाशक के अवशेष न आ सके।

स्वयं या स्थानीय स्तर पर बताये गए जैविक आदान को यह प्रमाणित करना आसान है कि वह जैविक विधि से ही तैयार किया गया है, अपेक्षाकृत उन आदानों को जो दूसरी जगह से लाये गए होंगे और कुछ समय पहले बनाये गए होंगे, जैसे यदि किसान स्वयं कम्पोस्ट बनाता है तो वह विश्वास के साथ कह सकता है कि वह जैविक विधि से बनाया गया है, बाहर से लाई कम्पोस्ट की शुद्धता को तय करने में बहुत सारे परीक्षण करने होंगे। जिसमें व्यर्थ में समय और पैसे की बर्बादी होगी।

जैविक खेती में प्रयोग किये जाने वाले बीज की किस्म, विकिरण या जीन की हेर-फेर से बनाई गई नहीं होनी चाहिए यानि बीटी, कपास, सोना, धान (गाल्डन राइस) का प्रयोग वर्जित है। अतः जहां तक हो सके स्थानीय किस्मों के चयन से बनाई गयी सुधारी किस्म ही प्रयोग में लाया जाना चाहिए।

उत्पाद के संसाधन में भी विकिरण व रसायनों का प्रयोग वर्जित माना गया है। जैविक खेती के प्रमाणीकरण के नियमों में कई ऐसे पदार्थों को जैविक विधि से उत्पादन किया जाये तथा तभी प्रयोग करें जैसे जैविक खाद, कुछ पदार्थ के संदर्भ में इसका अर्थ होता है कि सीमित मात्रा में अधिक उपयोग न करें।

□□□

4

जैव उर्वरक

उर्वरक शब्द का तात्पर्य यह है कि जो जमीन को उपजाऊ या उर्वर बनाये। डाई-अमोनियम फास्फेट (डी.ए.पी.) यूरिया आदि उर्वरक को सभी जानते हैं। फसलों की उत्पादन क्षमता में वृद्धि के लिए किसान इनका प्रयोग खेती में करते हैं। ये रासायनिक उर्वरक नाइट्रोजन, फास्फोरस, पोटाश (एन.पी.के.) आदि पोषक तत्व मिट्टी में डालते हैं, जिनका अवशोषण पौध करते हैं। इन रासायनिक उर्वरकों का प्रयोग करना किसानों ने अभी हाल ही में जाना है जबकि हजारों वर्ष पूर्व से हमारा किसान जमीन की उर्वरा शक्ति बढ़ाने के लिए जैव उर्वरकों का इस्तेमाल करता चला आ रहा है।

जैवे उर्वरक वह माध्यम है जिससे अत्यन्त सूक्ष्म जीवाणु कवक अथवा शैवाल पाए जाते हैं। ये सूक्ष्म जीव प्राकृतिक विधियों से लगातार मिट्टी की उर्वरा शक्ति की वृद्धि कर रहे हैं। आधुनिक समय में नाइट्रोजन और फास्फोरस तत्वों की मिट्टी में उपलब्धता के लिए जैव उर्वरकों का विकास किया गया है।

जैव उर्वरकों के व्यापक प्रसार के लिए भारत सरकार द्वारा एक राष्ट्रीय जैव उर्वरक विकास केन्द्र, गाजियाबाद की स्थापना 1983 में की गयी। इनके अलावा छः क्षेत्रीय केन्द्र नागपुर, जबलपुर, बंगलोर, भुवनेश्वर, इम्फाल एवं हिसार में स्थापित किए गए हैं। सभी केन्द्र जैव उर्वरकों के लिए अनुसंधान कार्य कर रहे हैं।

जैव उर्वरकों की जरूरत क्यों ?

1. **रासायनिक खादों के अत्यधिक प्रयोग द्वारा मिट्टी की उर्वरा-शक्ति घटती जा रही है इसे पुनः अपनी मूल स्थिति में आने के लिए जैव उर्वरकों का प्रयोग किया जा रहा है।**

2. रासायनिक उर्वरकों के प्रयोग में खाद्य सामग्रियों व जल में नाइट्रेट, नाइट्राइस नाइट्रिक एसिड़ आदि की मात्रा बढ़ती जा रही है। इससे विभिन्न बीमारियां बढ़ती जा रही हैं इनसे छुटकारा पाने के लिए जैव उर्वरकों का प्रयोग आवश्यक है।
3. पशुधन की कमी के कारण खेत को गोबर की खाद नहीं मिल पा रही है।
4. कीटनाशकों एवं रासायनिक उर्वरकों के कारण खाद्य सामग्रियों में विषाक्त बढ़ती जा रही है, जिसकी वजह से इनका निर्यात नहीं हो पा रहा है क्योंकि विदेशों में जैविक खाद्य की ही मांग है।

वायुमण्डलीय नाइट्रोजन को स्थिरीकरण करने वाले या घोलक सूक्ष्मजीवाणुओं या सेलुलोज को विघटित करने वाले सूक्ष्म जीवाणुओं की जीवित कोशिकाओं द्वारा तैयार किया जाता है। इन जैव उर्वरकों के प्रयोग से जैविक नाइट्रोजन का स्थिरीकरण बढ़ जाता है जिसके परिणामस्वरूप पौधों की स्वस्थ वृद्धि पर लाभकारी पड़ता है। वर्तमान में प्रचलित कुछ जैव उर्वरकों का प्रभाव एवं उनका उपयोग नीचे दिया जा रहा है।

राइजोबियम कल्चर-हमारे चारों ओर उपस्थित वायुमण्डल में 80 प्रतिशत नाइट्रोजन है। एक हैक्टेयर भूमि पर वातावण में अनुमानतः 2000 टन नाइट्रोजन उपलब्ध रहती है। सूक्ष्म जीवाणुओं द्वारा वायुमण्डलीय नाइट्रोजन का मृदा में स्थिरीकरण किया जाता है। अगर हम दलहनी फसलों को राइजोबियम कल्चर से उपचारित करते हैं तो सूक्ष्म जीवाणु 50-100 किग्रा. वृद्धि करते हैं। जिसके फलस्वरूप उपज में 10 प्रतिशत से लेकर 60 प्रतिशत तक की वृद्धि सम्भव है। अतः दलहनी फसलों में 5-10 ग्राम राइजोबियम कल्चर प्रति किग्रा. बीज के हिसाब से प्रयोग करना चाहिए। जिसके फलस्वरूप मटर, ग्वार, मेथी आदि फसलों का अच्छा उत्पादन मिल सके। दलहनों की भरपूर पैदावार लेने के लिए यह आवश्यक है कि प्रत्येक वर्ष बीज को बोने से पूर्व राइजोबियम कल्चर मिलाकर ही बुवाई

चित्र : दाल वाले पौधों की जड़ों में राइजोबियम गाठें

करें, जिससे इन पौधों की जड़ों पर प्रभावी ग्रंथियाँ बन जाती है, जिसमें उपस्थित जीवाणुओं द्वारा नत्रजन स्थिरीकरण की क्रिया सम्पन्न होती है।

राइजोबियम कल्चर के गुण

विभिन्न प्रकार की मृदाओं में कार्य करने की क्षमता रखता है।

1. मिट्टी में रहने वाले प्राकृतिक राइजोबियम की अपेक्षाकृत राइजोबियम कल्चर अधिक प्रभावशाली होता है।
2. विभिन्न प्रकार की जलवायु दशाओं में नाइट्रोजन स्थिरीकरण की क्षमता रखता है।
3. पौधों की जड़ों में अच्छी एवं प्रभावशाली ग्रंथियां बनाता है।
4. विभिन्न फफूंदी नाशक एवं कीटनाशकों के प्रति पर्याप्त सहनशीलता दर्शाता है।

राइजोबियम कल्चर से लाभ

मृदा की भौतिक दशा में सुधार होता है।

1. मिट्टी में पौधों के लिए नत्रजन की मात्रा में वृद्धि हो जाती है।
2. दलहनी फसलों की उपज में 15-20 प्रतिशत तक की वृद्धि हो जाती है।
3. कम कीमत पर उपलब्ध हो जाता है।

एजोटोबेक्टर

एजोटोबेक्टर का उपयोग अनाज वाली फसलों जैसे गेहूँ, धान, मक्का, ज्वार, बाजरा आदि के अलावा सब्जी वाली फसलों में किया जाता है। एजोटोबेक्टर के प्रयोग से भूमि में नत्रजन स्थिरीकरण जीवाणुओं की संख्या बढ़ जाती है तथा ये जीवाणु मुक्त रूप से मृदा में पौधों की जड़ों के आस-पास रहते हैं और वायुमण्डलीय नत्रजन को स्थिरीकृत कर पौधों को नत्रजन उपलब्ध कराते रहते है। ये जीवाणु भूमि में कई प्रकार के सक्रिय पदार्थ जैसे इन्डोल एसिटिक एसिड (आई.ए.ए.), जिबरेलिक अम्ल का भी निर्माण करते हैं। इन जैव सक्रिय यौगिकों के पौधों की जड़ों के पास वाले क्षेत्र में निर्माण होने से पौधों की वृद्धि पर बड़ा गुणकारी प्रभाव पड़ता है। इसके अतिरिक्त ये जीवाणु आल्टरनेरिया एवं फ्यूजेरियम नामक फफूंदी से ग्रसित होने से बच जाते हैं। ये एजोटोबेक्टर जीवाणु अंकुरण क्षमता एवं जड़ों के फैलाव (मजबूती) में भी सुधार करते हैं। इनके प्रयोग करने से 20 से 40 किग्रा. नत्रजन प्रति हैक्टेयर प्रति वर्ष भूमि में स्थिर होती है जिससे उपज में लगभग 20 प्रतिशत तक बढ़ोतरी होती है।

एजोटोबेक्टर के लाभ

1. पौधों की जड़ें मजबूत हो जाती हैं, जिससे पौधों की वृद्धि अच्छी होती है।
2. बीजों की अंकुरण क्षमता में सुधार होता है।
3. मृदा में 20 से 40 किग्रा. नत्रजन प्रति हैक्टेयर प्रति वर्ष स्थिर होती है।
4. आल्टरनेरिया एवं फ्यूजेरियम नामक फफूंद की बाढ़ को रोकता है।
5. उपज में 20 प्रतिशत तक की बढ़ोतरी होती है।

फास्फेट विलेपकारी सूक्ष्मजीव (पी.एस.बी.)

पौधों की वृद्धि के लिए नत्रजन के बाद आवश्यक तत्वों की श्रेणी में स्फुर का एक महत्वपूर्ण स्थान है। स्फुर पौधों में कोशिका के विभाजन जड़ ग्रथियों के विकास, फल-फूल एवं बीज निर्माण के लिए अत्यन्त उपयोगी पोषक तत्व हैं। फॉस्फोटिक उर्वरकों द्वारा फसलों के लिए मृदा में स्फर की जितनी मात्रा दी जाती है उसका केवल 20-30 प्रतिशत भाग ही फसल को उपलब्ध होता है। बाकी बची मात्रा मृदा में ही स्थिर हो जाती है जो उस फसल के लिए अप्राप्य है जिसका उपयोग पौधे नहीं कर पाते हैं। फास्फोरस विलायक जीवाणु (पी.एस.बी.) मृदा में उपस्थित अघुलनशील फास्फोरस को घुलनशीलन अवस्था में बदलकर पौधों को उपलब्ध करा देते हैं। पी.एस.बी. कल्चर का उपयोग बीजों को उपचारित करके किया जा सकता है। खेत की तैयारी करते समय अंतिम जुताई के समय 3-4 किग्रा. पी.एस.बी. कल्चर को 50 किग्रा. अच्छी सड़ी गोबर की खाद में मिलाकर भूमि में प्रयोग कर सकते है।

नील हरित शैवाल

नील हरित शैवाल की कई प्रजातियाँ (नास्टाक, एनाबिना, आइलेसाइरा, साइटोनिस) हमारे देश में पायी जाती हैं, जो नाइट्रोजन का स्थिरीकरण की क्रिया करते

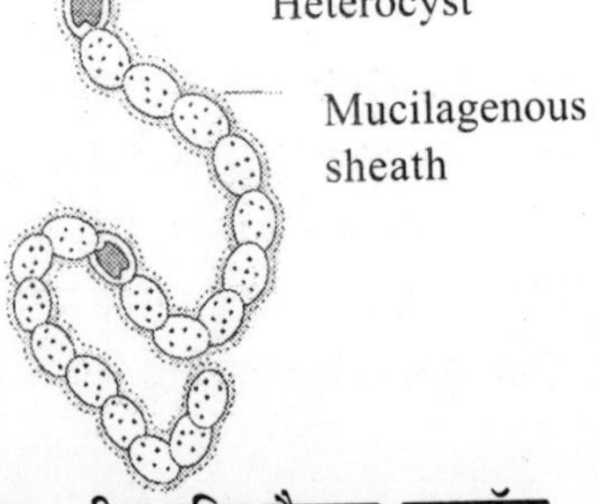

चित्र : नील हरित शैवाल-नास्टॉक

हैं। नाइट्रोजन स्थिरीकरण, शैवाल की संरचना में स्थित एक विशिष्ट प्रकार की कोशिका होती है, जिसे हेटरोसिस्ट कहते हैं। धान का खेत नील हरित शैवाल के लिए सबसे अधिक उपयुक्त होता है। क्योंकि इसकी वृद्धि के लिए आवश्यक ताप, प्रकाश, नमी और पोषक तत्वों की मात्रा पायी जाती है। इसके प्रयोग से भूमि की उर्वरा शक्ति बढ़ती है तथा मृदा की भौतिक दशा में सुधार होता है।

जैव उर्वरकों के उपयोग करने का तरीका

फसलों में बीज उपचार या राइजोबियम जीवाणु कल्चर का प्रयोग करने के लिए सबसे आसान तरीका जिसे एफ.आई.आर. विधि कहते हैं अर्थात् बीज को सर्वप्रथम फफूंदनाशक दवा से (2.5-3.0 ग्राम दवा प्रति किग्रा. बीज) से उपचारित करना चाहिए। तत्पश्चात् बीज पर यदि कीटनाशी लगाने हो तो लगाएँ और अन्त में बीजों पर राइजोबियम कल्चर का प्रयोग करना चाहिए ताकि कल्चर के जीवाणु जीवित रह सकें। कल्चर को बीज पर अच्छी तरह से लगाने के लिए आजकल चिपकने वाले पदार्थ भी प्रयोग करने चाहिए। ध्यान रखना चाहिए कि उसमें डिटर्जेन्ट पावडर कभी भी नहीं मिलावें। सर्वप्रथम आधा लीटर (500 मि.ली.) साफ पानी में 200 ग्राम के राइजोबियम के पैकेट को अच्छी तरह मिला लें, तत्पश्चात् इस मिश्रण को एक एकड़ में लगने वाले बीज पर अच्छी तरह मिलाते जाएँ, ताकि बीज पर राइजोबियम जीवाणु अच्छी तरह चिपक जाएँ। इस कल्चर लगे बीजों को छाया में थोड़ा सा सुखाकर खेत में शीघ्र ही बुआई कर देनी चाहिए। एजोटोबेक्टर तथा पी.एस.बी. कल्चर को बीज पर लगाने का तरीका राइजोबियम जीवाणु के समान ही है। एक एकड़ की भूमि उपचार के लिए 5 पैकेट कल्चर का प्रयोग करें। इसके लिए खेत की 50 किग्रा. बारीक मिट्टी अथवा 50 किग्रा. गोबर की खाद/कम्पोस्ट खाद में 5 पैकेट कल्चर (200.5 = 1000 ग्राम) अच्छी तरह मिलाकर मिश्रण की बुआई करते समय कुंड में डालें। प्रभावी परिणाम प्राप्त करने हेतु खेत में 3 से 5 टन गोबर की खाद/कम्पोस्ट खाद प्रति हैक्टेयर के हिसाब से उपयोग करें।

जैव उर्वरकों का प्रयोग करने संबंधी वाली सावधानियाँ

1. कल्चर को सदैव शीतल, सूखे एवं छायादार स्थान में ही रखना चाहिए।
2. कल्चर के पैकेट को उपयोग करने से पहले खोलकर कभी नहीं रखना चाहिए।
3. कल्चर का उपयोग सदैव उसकी अंतिम तिथि से पूर्व करना चाहिए।
4. बीज उपचार करते समय एफ.आई.आर. विधि को अपनाएँ।
5. सदैव बीज पर कल्चर छाया में बीज को रखकर लगाएँ।

6. कल्चर लगाने के बाद बीज को तीव्र उर्वरकों, कीटनाशकों एवं खरपतवारनाशकों के सीधे सम्पर्क में न आने दें।
7. कल्चर उतने ही बीज पर लगाएँ जितनी बीज की मात्रा उसी दिन बोयी जा सके।

जैव उर्वरक के प्रयोग करने की विधि

बीज उपचार–500 मिली. पानी में 50 ग्राम गुड़ या शक्कर घोल कर उसमें 200 ग्राम जैव उर्वरक (कल्चर) का एक पैकेट घोल लेते हैं। इस घोल को 10 किग्रा. बीज में हल्के हाथों से इस प्रकार मिलाते हैं जिससे प्रत्येक बीज पर कल्चर की हल्की पर्त चढ़ जाये। उपचारित बीजों को छाया में सुखाकर तुरन्त बुवाई करनी चाहिए।

पौध-जड़ उपचार–1-2 किग्रा., कल्चर का 10-20 लीटर पानी में घाल कर 10-15 किग्रा. बीजों द्वारा प्रप्त पौघ जड़ को 10-15 मिनट तक घोल में डुबाकर उपचारित पौधों की तुरन्त रोपाई करें।

कन्द उपचार–आलू, गन्ना, अरबी, अदरक आदि कन्द वाली फसलों के 10 कुन्तल कन्दों को बोने से पूर्व 1 किग्रा. जैव उर्वरक को 10 लीटर पानी में घोल कर 10 मिनट तक डुबोकर उपचारित करते हैं। उपचारित कन्दों को तुरन्त बोना चाहिए।

मृदा उपचार–2-3 किग्रा. जैव उर्वरक को 40-50 किग्रा. कम्पोस्ट या खेत की मिट्टी में मिलाकर एक एकड़ भूमि में बुवाई के पूर्व या पहली सिंचाई के पूर्वक समान रूप से छिड़क दें।

जैव उर्वरकों के लिए मापदण्ड

विगत वर्षों से जैविक खाद एवं जैविक उर्वरकों का उपयोग काफी बढ़ा है। इसी कारण मांग अधिक हुई, लेकिन पूर्ति पूरी नहीं होने से नकली या निम्न मानक के उत्पाद बाजार में किसानों के लिए उपलब्ध होने लगे। कृषि एवं सहकारिता विभाग केन्द्र सरकार नई दिल्ली ने जैविक खाद एवं उर्वरकों की गुणवत्ता निर्धारित करने एवं जैविक खाद के नाम पर हो रही जालसाजी रोकने के उद्देश्य से **उर्वरक नियंत्रण संशोधन आदेश-2006** बनाया है। यह आवश्यक वस्तु अधिनियम आदेश, 1955 का एक भाग है तथा उर्वरक नियंत्रण आदेश, 1985 में संशोधन करके इसे शामिल किया गया है। जिसका प्रकाशन 24 मार्च, 2005 के राजपत्र में किया गया है। जिसके तहत् वर्मीकम्पोस्ट, सिटी कम्पोस्ट, प्रेस मड एवं जैव उर्वरकों में एजोटोबैक्टर राइजोबियम, एजोस्पिरलियम तथा पी. एस.बी. को आदेश के दायरे में लिया गया है तथा खादों में उपस्थित विभिन्न तत्वों के मानकों को निर्धारिक किया गया है।

उर्वरक संशोधन आदेश, 2006 में सम्मिलित मुख्य बिन्दु

1. जैव उर्वरक व कार्बनिक उर्वरकों के निर्माण एवं विक्रय के लिए कारोबार प्रमाण-पत्र लेने होंगे।
2. जैव उर्वरक जैसे एजोटोबैक्टर, राइजोबियम, एजोस्पाइरिलम व पी. एस. बी. तथा सिटी कम्पोस्ट, वर्मी कम्पोस्ट व प्रेसमड आदि का मानकीकरण का निर्धारण करना।
3. निर्धारित मानक व निर्देश के नहीं पाये जाने पर इनके विक्रय पर खण्ड 19 के तहत् प्रतिबंध लगाना।
4. थैलें या बैग पर नियंत्रण द्वारा समय-समय पर दिये गये ब्यौरे अंकित करने के साथ ही जैव उर्वरक या कार्बनिक उर्वरक लिखना/अंकित करना आवश्यक होगा।
5. इसके लिए अलग से निरीक्षक की नियुक्ति होगी तथा पृथक रूप से नमूने लेने की प्रक्रिया तथा विश्लेषण करने की विधि का निर्धारण किया गया है।

भारत का राजपत्र (असाधारण), भाग-एक, खण्ड 4 उपखण्ड (2) के प्राधिकार में 24 मार्च, 2006 को प्रकाशित इस आदेश के तहत् ऐसे किसी भी जैविक प्रकृति (पौधा/पशु) के एक अथवा अधिक अप्रसंस्कृत सामग्री (सामग्रियों) से बने पदार्थ और इसमें अप्रसंस्कृत खनिज सामग्रियां सम्मिलित हो सकती हैं।

□□□

5

बायोडायनेमिक एग्रीकल्चर

पृथ्वी मृदा एवं प्रकृति के विभिन्न पहलुओं का ब्रह्माण्ड में व्याप्त ब्रह्माण्डीय शक्तियों के साथ सामंजस्य स्थापित कर मृदा की उर्वरा शक्ति को बनाये रखते हुए अधिक उत्कृष्ट उपज प्राप्त करने की प्रक्रिया को बायोडायनेमिक एग्रीकल्चर के नाम से सम्बोधित किया जाता है। बायोडायनेमिक ग्रीक भाषा के दो शब्दों से मिलकर बना है, बाओसा=जीवन, डायनेमिक=शक्ति अर्थात् जीवनशक्ति।

बायोडायनेमिक खेती के जनक रूप्रेल्फ स्टायनर थे। उन्होंने 1920 में अनुसंधान प्रारम्भ किया। इस सम्बन्ध में उनका ध्यान तब आकृष्ट हुआ जब किसानों के एक समूह ने बताया कि मिट्टी की उर्वरा शक्ति कम होती जा रही है। जून, 1924 में जर्मनी में इन्होंने बायोडायनेमिक सिद्धान्त की व्याख्या की। 1938 में बायोडायनेमिक फार्मिंग एण्ड गार्डेनिंग एसोसिएशन की स्थापना की। स्टायनर ने मिट्टी की संरचना में प्रकृति के विभिन्न प्रभावों का अध्ययन किया और पाया कि मिट्टी की उर्वरा शक्ति बढ़ाने में ब्रह्माण्डीय शक्तियों का काफी योगदान है जैसे मृत गाय की सींग से खाद का निर्माण कार्तिक मास के कृष्ण पक्ष में होता है। इसके पूर्व या बाद में सींग से बनाई जाने वाली खाद इतनी गुणवत्तापरक नहीं होती।

उद्देश्य

मृदा की संरचना सुधार कर एवं पोषक तत्वों की उपलब्धता बढ़ाकर पौधे की संतुलित बढ़वार एवं भूमि उर्वरा शक्ति की निरन्तरता बनाये रखना बायोडायनेमिक कृषि का मुख्य उद्देश्य है।

सिद्धान्त

1. भूमि की उर्वरता बनाये रखने हेतु भूमि में जैविक पदार्थ उचित दशा में बनाये रखना।
2. भूमि एक जीवित प्रणाली है जिसमें सूक्ष्म जीवाणु असंख्य रूप में विद्यमान होते हैं, जहाँ वे स्थापित, पोषित एवं बढ़ते रहते हैं।
3. जैविक पदार्थों की उपलब्धता भूमि की उर्वरता का मुख्य आधार माना जाता है।
4. इस पद्धति में मृदा के जीवन एवं स्वास्थ्य के बारे में समग्रतापूर्वक विचार किया जाता है। पौधा प्रकाश एवं ऊर्जा के अभाव में विकसित होता है जिसमें वे रासायनिक रूप से गतिशील स्वरूपों में परिवर्तित हो जाते हैं जो विभिन्न जीव प्रक्रियाओं के उपयोग में आ जाते हैं।
5. प्रमुख अवयवों एवं ऊर्जा तत्वों की पारस्परिक क्रिया द्वारा ही भूमि में एक संतुलित व्यवस्था स्थापित होती है जिसमें पौधे स्वस्थ रूप में विकसित होते हैं। इस प्रकार इस विधि का उद्देश्य ही संतुलित व्यवस्था बनाकर जीवन को बनाये रखना है।
6. भूमि की रासायनिक अथवा जैव रासायनिक व्यवस्था के अलावा भौतिक संरचना यथा दानेदार, भुरभुरी गहरी, अच्छी हवादार, संरचना अच्छी उर्वरता का द्योतक है।

बायोडायनेमिक उत्पाद-बायोडायनेमिक कम्पोस्ट, बायोडायनेमिक प्रिपरेशन 500-507, काऊ पैट पिट (सी.पी.सी.), तरल खाद आदि।

बायोडायनेमिक कम्पोस्ट

1. बायोडायनेमिक कम्पोस्ट क्या है-अप्रयुक्त गोबर खेत में उपलब्ध सूखी पत्तियाँ, रसोई के सड़े-गले पदार्थ आदि का उपयोग निश्चित नमीं, वायु एवं गर्म वतावरण में करते हुए उत्प्रेरक के रूप में प्रयुक्त जंगली घास जैसे-येरो-एचिलिया मीलीफालियम, कैमोगाइन, मैट्रोकैरिया कैमोलिया, बिच्छू घास-अरटिका डायोका, ओकबार्क करकस रोबर-डेन्डेलियन-टेरेक्सकम आफिसिनेल, वेलेरियम वेलेरियेना आफिसिनेलिस के सहयोग से कम से कम समय में तैयार खादों को बायोडायनेमिक कम्पोस्ट कहते हैं।

2. बायोडायनेमिक कम्पोस्ट बनाने हेतु आवश्यक सामग्री

(i) नत्रजन बाहुल्य (प्रोटिनेशियस)-गोबर, हरी पत्तियाँ, कटे फल, सब्जियों के डण्ठल, हरे खरपतवार, रसोई के सड़े-गले पकने वाले पदार्थ फिश वेस्ट, ब्लडमील, बोनमील आदि जिनमें उच्च स्तर का नाइट्रोजन पाया जाता हो, प्रयोग करें।

(ii) कार्बन बाहुल्य (कार्बोनेशियस)-सूखी पत्तियाँ, सूखे खरपतवार, नारियल जूट, पतवार, भूसा, परा, मक्का का सूख पौधा आदि जिनमें उच्च स्तर का कार्बन पाया जाता है।

(iii) खनिज पदार्थ एवं अन्य-राक पाउडर, लाइम पाउडर (चूना), फास्फेट राक, टैक शिल्ट, लकड़ी की राख, पुरानी कम्पोस्ट खाद, लकड़ी के चार किट के 5-6 टुकड़े पानी में आवश्यकतानुसार, उत्प्रेरक के रूप में प्रयुक्त किये जाने वाले बायोडायनेमिक प्रिपरेशन 502-507 की प्रत्येक की एक-एक ग्राम मात्रा प्रयोग की जाये।

3. बायोडायनेमिक कम्पोस्ट तैयार करने की विधि

1. भूमि पर जहाँ कम्पोस्ट बनाना हो दो मीटर चौड़ा तथा पांच मीटर लम्बा क्षेत्र साफ कर लें।
2. लकड़ी के लम्बे टुकड़ों को दो मीटर चौड़े कम्पोस्ट क्षेत्र के बीचोंबीच पांच मीटर लम्बाई तक रखें जिससे बीचो-बीच हवा पास कर सकें।
3. नत्रजन युक्त पदार्थ में उपलब्ध वस्तुओं की छः इंच मोटी एक सतह लकड़ी के टुकड़ों पर दो मीटर चौड़ा तथा पांच मीटर लम्बा बिछा दिया जाये।
4. इसके बाद स्तरी या गोबर को पानी में घोलकर तीन सेमी. मोटी तह बिछा दी जाये।
5. इस तह पर छः इंच मोटी कार्बन बाहुल्य पदार्थ की एक तह बिछा दी जाये।
6. इसके बाद पुनः स्तरी या गोबर के घोल की तीन सेमी., तह बिछाई जाये।
7. इसी प्रकार एक तह हरे पदार्थ की तथा एक तह सूखे पदार्थ की तथा दोनों तहों के बीच में गोबर का घोल डालकर यह प्रक्रिया डेढ़ मीटर ऊँचाई तक कर दिया जाये।
8. प्रत्येक सूखे पदार्थ की सतह को पानी से अच्छी तरह भिगोये।
9. खनिज पदार्थ का प्रयोग प्रत्येक सतह पर छिड़क सकें।
10. अब 2 मीटर चौड़े 5 मीटर लम्बे एवं डेढ़ मीटर ऊँचे कम्पोस्ट हीप को गोबर एवं मिट्टी से अच्छी प्रकार लिपाई किया जाये।
11. इसके बाद लम्बाई की तरह डेढ़ मीटर ऊँचे कम्पोस्ट के बीचों-बीच तीस सेमी. गहरे पाँच छेद करें जो डायगोनल हो। दो छिद्र कम्पोस्ट हीप के ऊपर भी करें।
12. इन पाँचों छेदों बायोडायनेमिक प्रिपरेशन 502-506 की एक-एक मात्रा डालकर छेद को गोबर से बन्द कर दिया जाये।

13. बायोडायनेमिक प्रिपरेशन 507 की एम.एल. मात्रा को तेरह लीटर पानी में 15 मिनट तक घड़ी की दिशा एवं विपरीत दिशा में डन्डी से चलाते हुए भंवर बनाकर कम्पोस्ट हीम के ऊपर दो छिद्रों में तथा पूरे कम्पोस्ट हीप पर छिड़क दिया जाये।

14. दो माह बाद कम्पोस्ट हीप के ऊपरी सतह को नीचे तथा नीचे की सतह को ऊपर कर पलट दिया जाये। पलटने के दो माह में कम्पोस्ट तैयार हो जायेगी।

4. कम्पोस्ट तैयार होने का समय

चार से छः माह में कम्पोस्ट तैयार हो जाती है।

5. बायोडायनेमिक कम्पोस्ट का प्रयोग

1. शाकाभाजी फसलों में बीस क्यूबिक मीटर प्रति एकड़ प्रति वर्ष।
2. फलदार पौधों में दस क्यूबिक मीटर प्रति एकड़ प्रति वर्ष।
3. हरी एवं खाद्यान्न फसलों में पांच क्यूबिक मीटर प्रति एकड़ प्रति वर्ष।

6. बायोडायनेमिक कम्पोस्ट बनाने में सावधानियाँ

1. कम्पोस्ट हीप बनाने तक उचित अनुपात में नमी उपलब्ध रहनी चाहिए।
2. सूखे पदार्थों की तह को अच्छी तरह भिगो लेना चाहिए।
3. कम्पोस्ट हीप की लम्बाई पूरब-पश्चिम दिशा में रखनी चाहिए। इससे उपयुक्त हवा मिलने पर एरोबिक बैक्टीरिया को सहायता मिलती है।
4. कम्पोस्ट हीप के नीचे की चौड़ाई दो मीटर तथा ऊपरी चौड़ाई डेढ़ मीटर होनी चाहिए।
5. पांच क्यूबिक मीटर से अधिक लम्बा कम्पोस्ट हीप बनाने पर बायोडायनेमिक प्रिपरेशन की अतिरिक्त मात्रा डाली जाये।
6. पच्चीस किग्रा. खनिज पदार्थ पांच क्यूबिक मीटर कम्पोस्ट हीप हेतु पर्याप्त है।

7. बायोडायनेमिक कम्पोस्ट के लाभ

1. मृदा में ह्यूमस पदार्थ की वृद्धि करता है।
2. केचुओं की क्रियाशीलता एवं उनके प्रजनन में सहायता प्रदान करता है।
3. मृदा में जीवाणुओं की संख्या में वृद्धि करता है।
4. पौधों को आवश्यक पोषक तत्वों की पूर्ति करता है।

5. मृदा उर्वरता एवं जल धारण क्षमता में वृद्धि करता है।
6. स्थिर अच्छी मृदा संरचना प्रदान करता है।

बायोडायनेमिक प्रिपरेशन 500 (गाय की सींग की खाद)-पृथ्वी, सूर्य चन्द्रमा तथा अन्य नक्षत्रों के संयुक्त सामंजस्य में विशेष रूप से गाय के गोबर को सींग में भरकर तैयार की जाने वाली खाद को गाय के सींग की खाद या बी.डी. प्रिपरेशन-500 कहते है।

सींग की खाद बनाने हेतु आवश्यक सामग्री-मरी हुई दुधारू गाय की सींग, गाय का ताजा गोबर, पुरानी कम्पोस्ट खाद तथा मिट्टी।

सींग की खाद तैयार करने की विधि

1. मरी हुई दुधारू गाय की सींग एकत्र कर ली जाये।
2. भूमि में दो मीटर चौड़ा, चार मीटर लम्बा तथा डेढ़-फिट गहरा गड्ढा खोद दिया जाये।
3. सींग में दुधारू गाय के ताजे गोबर को भर दिया जाये।
4. खोदे गये गड्ढे में भरी हुयी सींगों को माह सितम्बर-अक्टूबर के शुक्ल पक्ष में गाड़ दिया जाये।
5. गड्ढे को मिट्टी एवं कम्पोस्ट मिलाकर भर दिया जाये।
6. सींगों को माह मार्च-अप्रैल के कृष्ण पक्ष में गड्ढे से निकाल दिया जाये।
7. सींगों में से खाद निकालकर मिट्टी के बर्तन में इकट्ठा कर किसी ठण्डे स्थान पर रख लिया जाये।

सींग की खाद तैयार होने का समय-छः माह के अन्दर सींग की खाद तैयार हो जाती है।

सींग की खाद का प्रयोग

1. पच्चीस ग्राम सींग की खाद साढ़े तेरह लीटर पानी में मिलाकर एक घण्टे तक घड़ी की दिशा एवं विपरीत दिशा में डन्डी से हिलाते हुए भवर बनाकर छिड़काव किया जाये।
2. इस खाद का प्रयोग बीज बुवाई–रोपाई से पहले सायंकाल झाडू, या गिलास से भूमि पर छिड़क दिया जाये।
3. पच्चीस ग्राम खाद एक एकड़ हेतु पर्याप्त है।

4. सींग की खाद का प्रयोग एक वर्ष में दो बार किया जाये।
5. सींग की खाद का भूमि में प्रयोग कृष्ण पक्ष में किया जाये।

सींग की खाद बनाने में सावधानियाँ

1. ताजा गोबर लेने से पहले गाय को पौष्टिक आहार देना चाहिए।
2. मरी हुई दुधारू गाय की सींग में गोल छल्ले बने होते हैं।
3. सींगों की उपलब्धता के आधार पर गड्ढे की लम्बाई कम कर सकते हैं।
4. गड्ढा खोदते समय यह ध्यान रहे कि गड्ढे की गहराई उच्चमृदा से अधिक न होने पाये।
5. सींगे छोटी-बड़ी होने पर उसे वर्गीकृत कर छोटी सींगों को गड्ढे में सबसे आगे, उसके बाद मध्यम आकार वाली सींगें होनी चाहिए।
6. गड्ढा भरते समय पचास प्रतिशत मिट्टी व पचास प्रतिशत कम्पोस्ट मिलाकर भरना चाहिये।
7. तैयार खाद में मीठी खुशबू होनी चाहिए।

सींग की खाद के लाभ

1. भूमि में नत्रजन तत्व की मात्रा को बढ़ाता है।
2. ह्यूमस बनने की प्रक्रिया को बढ़ाता है
3. जड़ों की वृद्धि अच्छी होती है।
4. राइजोबियम बैक्टीरिया की क्रियाशीलता को बढ़ाता है।
5. भूमि की जल धारण क्षमता को बढ़ाता है।
6. अच्छी स्थिर मृदा संरचना प्रदान करता है।
7. केचुओं की क्रियाशीलता बढ़ाता है।
8. भूमि, भुरभुरी, हवादार एवं जड़ें गहरी आने में वृद्धि करता है।
9. प्रकाश संश्लेषण को प्रभावी बनाता है।

बायोडायनेमिक प्रिपरेशन (बी.डी.501)-बी.डी.501 मार्च-अप्रैल में चन्द्र की उत्तरायण की स्थिति में गाय के सींग को अच्छी प्रकार साफ कर इन सींगों में सिलिका का लेप भरकर भूमि में बी.डी. 500 की तरह गड्ढे में सीधा रख देते हैं। अक्टूबर-नवम्बर

माह में सींगों को चन्द्र की उत्तरायण की स्थिति में निकालकर शीशे के बर्तन में घर की खिड़की के पास प्रकाश में भण्डारित करते हैं।

चित्र : गाय के सींग की खाद

एक ग्राम सिलिका उत्प्रेरक को 13.5 ली. पानी में एक घण्टे तक घड़े की तथा इसके विपरीत दिशा में भंवर बनाते हुए प्रातःकाल अच्छी तरह से मिलाया जाता है। छिड़काव प्रातःकाल सूर्योदय के समय चन्द्र की उत्तरायण की स्थिति में किया जाता है। प्रयोग से पौधों में कीट तथा व्याधि के प्रति सहिष्णुता बढ़ती है।

बायोडायनेमिक प्रिपरेशन 502-507-विघटन की प्रक्रिया को प्रेरित करने हेतु उर्वरक के रूप में प्रिपरेशन 502-507 जंगली एवं औषधीय घास (येरा, कैमोमाइ, बिच्छू घास, ओकबार्क, डेन्डेलियन एवं बेलेरियम फूलों एवं पत्तियों को ब्लैडर, आंत, खोपड़ी एवं मिसेन्ट्री में भरकर तैयार किया जाने वाला प्रिपरेशन, बी.डी. प्रिपरेशन 502-507 कहलाता है। इसका प्रयोग बायोडायनेमिक कम्पोस्ट, कम्पोस्ट तरल खाद एवं काऊ पैट बनाने में किया जाता है।

बायोडायनेमिक तरल खाद एवं कीटनाशी-दलदली पौधों एवं नीम की पत्तियों, मछली के करे, अरण्डी, करंज, मदार एवं सदाबहार की पत्तियों द्वारा बनाया जाता है। करंज, नीम, मदार, सदाबहार, अरण्डी एवं लैन्टाना की पत्तियों द्वारा बनाये गये तरल खादों में कीट एवं रोग निवारक ग्रुप होते हैं।

बायोडायनेमिक वृक्ष लेप-बायोडायनेमिक खेती मे फल वृक्षों के पोषण व कीट व्याधियों से सुरक्षा में बायोडायनेमिक वृक्ष लेप का अधिक महत्व है। वृक्ष लेप वृक्षों की बीमारियों से सुरक्षा एवं स्वास्थ्य प्रदान करता है। तने एवं शाखाओं पर घाव को बंद एवं बीमारियों से मुक्त करता है। कटाई-छंटाई के बाद प्रयोग करने पर नये शाखों की वृद्धि में

सहायक होता है। आजकल मात्र गाय के गोबर का मोटा लेप भी प्रभावी देखा गया है जिसकी उपयोगिता को प्रोत्साहित किया जा रहा है।

काऊ पैट पिट (सी.पी.पी.)

गाय के गोबर से एक निश्चित आकार के गड्ढे में बनायी जाने वाली खाद सी.पी.पी. या काऊ पैट पिट कहलाती है।

काऊ पैट पिट बनाने हेतु आवश्यक सामग्री

1. दुधारू गाय का ताजा गोबर साठ किग्रा.।
2. लगभग पचास ईंट या लकड़ी का डेढ़ फिट चौड़ा व तीन फिट लम्बा दो पटरा तथा डेढ़ फिट चौड़ा व दो फिट लम्बा दो पटरा।
3. दो सौ ग्राम बोर स्वायल या बेसाल्ट या बैनटोनाइट।
4. दो सौ ग्राम अण्डे के छिलके का पाउडर।
5. बायोडायनेमिक प्रिपरेशन 502-507, प्रत्येक की एक-एक ग्राम मात्रा।
6. चटाई या लोहे का टीन।
7. टाट या जूट का बोरा।
8. पानी-एक बाल्टी।

काऊ पैट पिट खाद बनाने की विधि

1. भूमि में तीन फिट-दो फिट चौड़ा तथा डेढ़ फिट गहरा गड्ढा खोद लिया जाये।
2. गड्ढे की चारों दीवारों में ईंटों या लकड़ी का पतला पटरा लगा दिया जाये।
3. गाय के ताजे गोबर में अण्डे का पाउडर तथा बोर स्वायल या बेसाल्ट मिलाकर तीन-चौथाई गड्ढा गोबर से भर दिया जाये।
4. बी.डी. प्रिपरेशन 502-507 प्रत्येक की एक-एक ग्राम मात्रा को गोबर की सतह पर अंगूठे से छेदकर डाल दें तथा छिद्र को बंद कर दें।
5. बी.डी. प्रिपरेशन 507 की एक एम.एल. मात्रा को तीन सौ पचास एम.एल, पानी में दस मिनट तक घड़ी की दिशा एवं विपरीत दिशा में भंवर बनाते हुए डण्डी से हिलाकर गोबर की सतह पर एवं दीवारों पर छिड़क दिया जाये।
6. टाट के टुकड़े को गीला कर गड्ढे को ढक दिया जाये।
7. गड्ढे के ऊपर छाया कर दें, जैसे चटाई या टीन रखकर एक सिरा ऊँचा कर दें।

8. एक माह बाद गड्ढे की खाद को ऊपर से नीचे कर पलट दिया जाये।

काऊ पैट पिट की खाद तैयार होने का समय -गड्ढे में दो से तीन माह में खाद तैयार हो जाती है। अच्छी तैयार खाद में मीठी खुशबू होती है।

काऊ पैट पिट की खाद का प्रयोग

1. पांच सौ ग्राम से एक हजार ग्राम तक को चालीस से पैतालिस लीटर पानी में रात- भर भिगोकर तर खाद के रूप में प्रातः दस मिनट तक घड़ी की दिशा व विपरीत दिशा में डण्डी से हिलाते हुए भंवर बनाकर छिड़काव करें। यह मात्र एक एकड़ हेतु पर्याप्त है।
2. चालीस लीटर पानी में एक किलोग्राम काऊ पैट पिट खाद मिलाकर ट्री पेस्ट के रूप में प्रयोग किया जा सकता है।
3. इसका प्रयोग ग्राफ्टिंग, रूटिंग मीडीया तथा रूट डिपिंग आदि में किया जा सकता है।
4. फलों एवं शाकभाजी फसलों में दो सौ पचास ग्राम से पाँच सौ ग्राम प्रति एकड़ फफूंदी नाशक में मिलाकर प्रयोग किया जा सकता है।
5. गमले में मिट्टी के साथ मिलाकर भरा जा सकता है।

सूर्य, चन्द्रमा, पृथ्वी एवं दूसरे नक्षत्रों के सामंजस्य से कृषि में किये जाने वाले कार्य

1. पूर्णिमा के 48 घण्टे पहले बीज की बुवाई की जाये।
2. पूर्णिमा के 48 घण्टे पहले तरल खाद का प्रयोग किया जाये।
3. पूर्णिमा में फफूंदीनाशक घोल का छिड़काव किया जाये।
4. अमावस (न्यू.मून) में बीज की बुवाई नहीं करनी चाहिए।
5. अमावस में पेड़ों की कटाई की जाये।
6. शुक्ल पक्ष में बी.डी. प्रिपरेशन 501 (काऊ हार्न सिलिका) का छिड़काव अक्टूबर माह में करें तथा दुबारा छिड़काव फल पकने पर करें।
7. सभी प्रकार के बीजों की बुवाई शुक्ल पक्ष (एसेन्डिंग अवधि) में किया जाये।
8. शुक्ल पक्ष में चन्द्रमा जब मिथुन (जेमिनी) या तुला (लिब्रा) राशि में हो तो चारा काटें एवं जड़वाली सब्जियों को छोड़कर फलों एवं सब्जियों की तुड़ाई करें।
9. शुक्ल पक्ष में कलमों की बंधाई की जा सकती है।

10. कृष्ण पक्ष (डिसेन्डिंग अवधि) में बी.डी. प्रिपरेशन 500 (गाय की सींग की खाद) का छिड़काव मार्च-अप्रैल माह तथा दोबारा सितम्बर-अक्टूबर माह में किया जाये।
11. कम्पोस्ट बनाने एवं खेतों में डालने का कार्य मार्च-अप्रैल माह या सितम्बर-अक्टूबर माह के कृष्ण पक्ष में किया जाये।
12. पौधों का रोपण एवं नर्सरी की रोपाई, भूमि की जुताई कृष्ण पक्ष में की जा सकती है।
13. कृष्ण पक्ष में जब चन्द्रमा वृष राशि (टारस) में हो तो जड़ वाली फसलों की तुड़ाई एवं भण्डारण किया जाये।
14. सभी फूल वाली झाड़ियों एवं गुलाब की कटाई-छटाई उनके उपयुक्त समय पर चन्द्रमा के कुंभ राशि (एक्वेरियम) में होने पर की जा सकती है।
15. हरी खाद हेतु उत्पादित फसल की पलटाई भूमि में तथा तरल खाद का प्रयोग भूमि में कृष्ण पक्ष में किया जाये।
16. चन्द्रमा जब पृथ्वी से दूर हो (एपोजी) तो आलू की बुआई की जाये।
17. चन्द्रमा जब पृथ्वी से नजदीक हो (पेरोजी) तो फफूंदीनाशक हवा का छिड़काव किया जाये।
18. चन्द्रमा शनि अब आमने-सामने हों तो उस समय बीज की बुआई एवं कलमें रोपित की जा सकती हैं तथा बी.डी. प्रिपरेशन 501 का छिड़काव किया जा सकता है।

कृषि में ब्रह्माण्डीय शक्तियों का समाकलन

बायोडायनेमिक सिद्धान्त के अनुसार चन्द्रमा माह में लगभग 29.5 दिनों में पृथ्वी का पूरा चक्कर लगाता है तथा इस अवस्था में यह 12 राशियों से गुजरता है। प्रत्येक राशि पर 2.50-3.25 दिन तक रहते हुए दूसरे राशि पर पहुंच जाता है। इन 12 राशियों को यूनानी भाषा में प्रतीक के रूप में अलग-अलग जीव/वस्तुओं के आकार में बताया गया है। इनमें से 12 राशियाँ चार मुख्य तत्व जैसे- भूमि, जल, वायु तथा अग्नि को प्रभावित करते हैं। इनका सम्बन्ध पौधें के चार भागों (जड़, पत्ती, फूल और फल/बीज) से होता है।

□□□

6

जैविक खादें

भारत एक कृषि प्रधान देश है अतः देश के सतही विकास में कृषि-करण प्रणाली का विकास एक अहम् योगदान है। देश की आबादी अनवरत् रूप से बढ़ती ही जा रही है। अतः उसका विकास जारी रखने के लिए खाद्यान्न एवं फसलोत्पादन को अधिक से अधिक बढ़ाना ही होगा। इस लक्ष्य को हम केवल प्रति हैक्टेयर उत्पादन में वृद्धि करके प्राप्त कर सकते हैं। फसलों का उत्पादन बढ़ाने में निश्चित तौर पर उन्नत किस्मों, रासायनिक उर्वरकों, कीटनाशकों खरपतवारनाशियों कृषि यंत्रों एवं सिंचाई का बड़ा ही अहम् योगदान रहा है। इस बढ़ती हुई आबादी को शांत करने के लिए सरकार ने साठ के दशक में फसलों के उत्पादन को बढ़ाने पर बल दिया जिसके फलस्वरूप खेती में रासायनिक खादों का प्रयोग बढ़ता ही गया। इन रसायनों के असंतुलित प्रयोग से भूमि में कार्बनिक पदार्थों की मात्रा में निरन्तर कमी होती गयी। रासायनिक उर्वरकों के निरन्तर प्रयोग के फलस्वरूप मृदा क्षारीय होती गयी। मृदा का स्वास्थ्य बिगड़ता गया और मृदा की उर्वरा शक्ति में अनवरत् कमी आती गयी। इन रसायनों के बचे हुये अवशेष हमारी मृदा स्वास्थ्य के साथ-साथ जल एवं वायु को भी प्रदूषित कर रहे हैं जिसके फलस्वरूप मृदा में प्राकृतिक रूप से पाये जाने वाले लाभकारी सूक्ष्म जीवाणुओं, केंचुओं आदि की संख्या एवं उनकी क्रियाशीलता में निरन्तर कमी आ रही हैं। इसके अलावा ये खाद्य शृंखला के माध्यम से मानव स्वास्थ्य को भी बुरी तरह प्रभावित कर रहे है। दूसरी तरफ रासायनिक उर्वरकों के बढ़ते प्रयोग से दिनों-दिन बढ़ती कीमतों के कारण लघु और सीमान्त कृषकों का खेती करना महंगा भी होता जा रहा है। इस प्रकार की उपरोक्त समस्याओं से छुटकारा पाने का एकमात्र उपाय जैविक खेती ही है। आज पूरे विश्व में

जैविक खेती का प्रचलन बढ़ रहा है क्योंकि जैविक खेती को रासायनिक खेती का विकल्प माना जा रहा है। जिसके प्रयोग से फसलोत्पादन में बढ़ोतरी के साथ-साथ फसल की लागत में भी कमी हो सकती है और रासायनिक खेती से होने वाले दुष्प्रभाव से बचा भी जा सकता है। यद्यपि फसलों में जैविक खेती या जैव उर्वरकों का प्रयोग रासायनिक उर्वरकों का पूर्णरूपेण विकल्प तो नहीं है लेकिन जैव उर्वरकों के प्रयोग से खेती में रासायनिक उर्वरकों पर निर्भरता को काफी हद तक कम किया जा सकता है।

जैविक खेती अपनाने से पूर्व कृषकों के समक्ष सबसे बड़ी समस्या यह है कि वह फसल के लिए जरूरी पोषक तत्वों की पूर्ति कैसे करें? जिससे कि उसका फसलोत्पादन व फलोत्पादन भी प्रभावित न हो और मृदा की उर्वरा शक्ति भी बनी रहे। अतः वैज्ञानिकों ने फसलों में एकीकृत घोषणा प्रबंधन पद्धति को अपनाने की सलाह दी है, जिसके अन्तर्गत रासायनिक उर्वरकों, कार्बनिक खादों और जैव उर्वरकों के सम्मिलित उपयोग की ओर ध्यान दिया जा रहा है। इसके अलावा अगर कोई कृषक केवल जैव उर्वरक का प्रयोग कर खेती करता है तो उसके जैव उत्पाद में प्रमाणन एवं उचित बाजार व्यवस्था विकसित करने की भी महत्ती आवश्यकता है ताकि किसान भाईयों को अपने जैव उत्पाद के लिए इधर-उधर भटकना न पड़े और अपने जैव उत्पाद का उचित मूल्य भी मिल सके। स्वतंत्रता प्राप्ति से पूर्व भारतीय किसान जैविक खेती ही करता था क्योंकि उस समय विज्ञान रासायनिकों खादों, खरपतवारनाशकों एवं कीटनाशकों की जानकारी न होने के कारण उन्हें प्रयोग ही नहीं करता था, बल्कि अपने पास उपलब्ध जैव संसाधन (जैसे गोबर की खाद) का अदल-बदल कर प्रयोग करके खेती करता था। अतः इनकी गुणवत्ता भी उच्च स्तर की होती थी लेकिन वह उत्पादन लगातार बढ़ती जनसंख्या के भोजन के लिए अपर्याप्त था और हमें अनाज के लिए दूसरे देशों पर निर्भर रहना पड़ता था। इन सब कारणों के पीछे हमारे देश का कृषि के क्षेत्र में अविकसित अनुसंधान भी एक बड़ा कारण था। इसके अतिरिक्त उन्नत बीजों की कमी, सिंचाई जल की अपर्याप्त व्यवस्था, सिंचाई के संसाधनों एवं कृषि उपकरणों का अभाव भी कम फसलोत्पादन के लिए जिम्मेदार थे। जैविक खादों से तात्पर्य उन सभी पदार्थों से है जिनके सड़ने गलने से जीवांश पैदा होते हैं। ये जैविक पदार्थ पशुओं के मल-मूत्र एवं उसके शरीर के अन्य अवशेष हो सकते हैं। मिट्टी को उपजाऊ और जीवांशमुक्त बनाने के लिए किसान इस तरह की खादों का प्रयोग हजारों वर्षों से करते रहे हैं। वर्तमान समय में हम रासायनिक खेती के विकल्प के रूप में जैविक खाद एवं जैव उत्पादों पर निर्भर रहकर जैविक खेती को अपना सकते हैं। जिससे हमारा फसल उत्पादन पौध संरक्षण एवं पर्यावरण सुरक्षा के साथ-साथ मृदा की उर्वरा शक्ति भी टिकाऊ रह सकेगी।

जैविक खादों की विशेषताएँ

1. जैविक खादों के प्रयोग से मिट्टी का जैविक स्तर बढ़ता है, जिसके द्वारा लाभकारी जीवाणुओं की संख्या बढ़ जाती है और मृदा की उर्वरता बनी रहती है।
2. हरी खाद उपयोग करने से क्या वातावरण में मौजूद नत्रजन का स्थिरीकरण होता है जिससे मृदा नत्रजन के मामले में आत्मनिर्भर बनती है।
3. जैविक खादों के प्रयोग से पौधा वृद्धि के लिए आवश्यक पोषक तत्वों जैसे नत्रजन, फास्फोरस एवं पोटाश के साथ-साथ सूक्ष्म पोषक तत्वों की पूर्ति भी होती है।
4. जैविक खाद पौधों की वृद्धि के लिए आवश्यक खनिज पदार्थ उपलब्ध कराते हैं, जो मृदा में मौजूद सूक्ष्म जीवों के द्वारा पौधों को मिलते हैं जिससे पौधे स्वस्थ बनते हैं और उंत्पादन बढ़ता है।

हरी खाद

मिट्टी की उर्वरा शक्ति में वृद्धि हेतु पौधों के हरे वनस्पति के भाग को उसी खेत में उगाकर या दूसरे स्थान से लाकर खेत में मिला देने की क्रिया को हरी खाद देना कहते हैं।

हरी खाद प्रयोग करने की विधियाँ

1. खेत में हरी खादों को उगाकर - जिस खेत में खाद देनी होती है, उसी खेत में फसल उगाकर उसे मिट्टी पलटने वाले हल से जोतकर मिट्टी से मिलाकर किया जाता है। इस विधि से हरी खाद तैयार करने के लिए सनई, ढैंचा, ग्वार, मूंग, उर्द, मोठ, ग्वार, लोनिका, ज्याली ठीक, वरसीम व मैजी आदि फसलें उगाई जाती हैं।

2. खेत से बाहर उगाई जाने वाली हरी खाद-जब फसलें दूसरे खेतों में उगाई जाती हैं, और वहाँ से काटकर जिस खेत में हरी खाद देनी होती है उसमें मिट्टी पलटने वाले हल से जोतकर दबा देते हैं। इस विधि में जंगलों या अन्य स्थान पर उगे पेड़-पौधों एवं झाड़ियों की पत्तियों, टहनियों आदि को खेत में मिला दिया जाता है।

हरी खाद से लाभ

1. हरी खाद के कार्बनिक पदार्थ से मृदा की भौतिक दशा में सुधार होता है।
2. दलहनी फसलों की जड़ों में ग्रन्थियाँ होती हैं जो नाइट्रोजन स्थिरीकरण करती हैं। फलस्वरूप नाइट्रोजन की मात्रा में वृद्धि होती है।

3. ढैंचा को हरी खाद के रूप में प्रयोग करने से प्रति हैक्टेयर 60 किग्रा. नाइट्रोजन की बचत होती है तथा मृदा के भौतिक, रासायनिक तथा जैविक गुणों में वृद्धि होती है, जो टिकाऊ खेती के लिए आवश्यक है।

बायोखाद

बायोगैस संयत्र में गोबर की खाद बनाने में मात्र डेढ़ माह का समय लगता है जो कि अन्य विधियों से खाद बनाये जाने की तुलना में काफी कम होता है। बायोगैस संयत्र में डाली गयी स्लरी की तुलना में काफी कम होता है। बायोगैस संयत्र में डाली गयी स्लरी का लगभग 20-25 प्रतिशत भाग बायोगैस में परिवर्तित हो जाता है जिसका उपयोग ईंधन के रूप में किया जाता है तथा शेष 75-80 प्रतिशत भाग तरल किण्वित स्तरी के रूप में बायोगैस संयत्र के विकास द्वारा स्वतः ही बाहर निकल जाता है। इसलिए समुचित उपयोग के लिए गोबर बायोगैस संयत्र में प्रयोग करना चाहिए, क्योंकि इसमें बायोगैस के अलावा गोबर की खाद बनाने की तुलना में 20-25 प्रतिशत तक अधिक कार्बनिक खाद प्राप्त होता है।

गोबर को विभिन्न तरीकों से सड़ाकर बनायी जाने वाली खाद की तुलना सारणी-6.1 में दर्शायी गई है।

सारणी 6.1

बायोखाद एवं देशी खाद में पाये जाने वाले पोषक तत्वों की तुलना

पोषक तत्व	बायोखाद ताजा स्लरी में	देशी खाद सूखी स्लरी में	
नाइट्रोजन	1.5-2.0	1.30-1.70	0.5-1.0
फाँसफोरस	0.8-1.0	0.65-0.85	0.3-0.5
पोटेशियम	0.8-1.0	0.65-0.85	0.3-0.5

उपर्युक्त सारणी से यह स्पष्ट होता है कि गोबर का उपयोग बायोगैस संयत्र में किया जाये तो हमें बायोगैस के साथ-साथ अल्प समय में उत्तम एवं पौष्टिक कार्बनिक खाद भी प्राप्त होती है। गोबर का उपयोग बायोगैस संयत्र में करने से खाद बनने में समय तो कम लगता ही है साथ ही साथ खाद की मात्रा भी अधिक मिलती है। बायोखाद में अन्य विधियों से बनायी गयी गोबर की खाद की तुलना में पोषक मात्रा में संरक्षित रहते हैं।

बायोखाद के लाभ

1. यह पूर्ण रूप से सड़ी हुई जैविक खाद होती है। इसमें किसी प्रकार की बदबू नहीं आती है। साथ ही इस खाद की यह विशेषता होती है कि इसमें भूमि

अथवा फसल को नुकसान पहुँचाने वाले हानिकारक कीड़े-मकोड़े नहीं पनपते हैं।

2. बायोखाद रासायनिक खाद की तुलना में काफी अच्छी होती है, क्योंकि रासायनिक खाद एक प्रकार का खनिज रसायन है जिसमें जैविक एवं सूक्ष्म पोषक तत्वों का पूर्ण अभाव होता है। इस खाद में कई प्रकार के लवण एवं खनिज होते हैं, जो भूमि में आसानी से घुल नहीं पाते जिससे भूमि धीरे-धीरे सख्त होती जाती है और अंततः बंजर हो जाती है। बायोखाद के उपयोग से भूमि स्वस्थ एवं उपजाऊ बनी रहती है तथा इसके निरंतर उपयोग से खेत लम्बे समय तक उपजाऊ बने रहते हैं। अतः बायोखाद का खेतों में अधिकाधिक उपयोग करना चाहिए।

3. बायोगैस संयंत्र में गोबर के सड़ने की प्रक्रिया हवा की अनुपस्थिति में होती है। अतः गोबर में उपस्थित सभी खरपतवार के बीज भी संयत्र के अन्दर ही सड़कर नष्ट हो जाते हैं। इस खाद का उपयोग होने से सिंचाई, जुताई, कटाई आदि कार्यों से आसानी रहती है।

4. बायोखाद खुले में भी पड़ी रहे तो इसका हमारे स्वास्थ्य और वातावरण पर कोई विपरीत प्रभाव नहीं पड़ता है, न ही इसके कारण किसी प्रकार की बीमारियां फैलती हैं।

5. बायोगैस में पौधों के लिए आवश्यक तीन प्रमुख पोषक तत्व नाइट्रोजन, फास्फोरस तथा पोटेशियम देशी खाद की तुलना में अधिक होती है। इसमें फसलों के लिए आवश्यक सूक्ष्म पोषक तत्व, जैसे-तांबा, लोहा, जस्ता, मैंगनीज, कैल्शियम, बोरान आदि भी उचित मात्रा में पाये जाते हैं। ताजी बायोगैस स्लरी में 20 प्रतिशत नाइट्रोजन अमोनियम यौगिक के रूप में होती है, जिसे मृदा से आसानी से अवशोषित कर लेते हैं। जबकि पौधे देशी तरीके से बनायी गयी गोबर की खाद नाइट्रेट तथा नाइट्राइट के रूप में होती है जिसे पौधे कुछ जटिल प्रक्रियाओं के पश्चात् ही अवशोषित कर पाते हैं।

6. बायोखाद से उपचारित किए हुए बीज जल्दी और अधिक मात्रा में अंकुरित होते हैं। इन उपचारित बीजों में बीमारियां कम लगती हैं। जड़े स्वस्थ और मजबूत बनती है।

7. लवणयुक्त खारी मिट्टी में बायोगैस स्लरी का उपयोग कर इसे फसल पैदा करने योग्य भी बनाया जा सकता है।

8. पौधों को बायोखाद से अन्य प्रत्यक्ष लाभ भी है। वह पौधों को उगने के लिए मिट्टी को स्वच्छ वातावरण देती है। हवा का प्रवाह मिट्टी के छिद्रों से मिट्टी का तापमान स्थिर रहता है जो खेती के लिए लाभकारी होता है। इस खाद के उपयोग से मिट्टी में नमी की मात्रा अधिक हो जाने से पानी संरक्षित करने की क्षमता बढ़ जाती है तथा मिट्टी के भौतिक गुणों का विकास होता है। इस प्रकार पौधों को आसानी से भोजन प्राप्त होने पर ये तेजी से वृद्धि करते हैं।

बायोखाद के गड्ढों में भूसा, धान की पुआल व कृषि अवशेषों को मिलाकर अच्छा कम्पोस्ट भी बना सकते हैं और खाद की मात्रा को भी बढ़ाया जा सकता है।

□□□

7

ग्रीन वर्मी टेक्नॉलाजी

हरित क्रान्ति के पहले कृषि में रसायनों का प्रयोग बहुत ही सीमित था। पारम्परिक ढंग से अदल-बदल कर खेती करने, गोबर की खाद व अन्य जैविक खादों के प्रयोग करने, भूमि को पड़ती छोड़ने आदि के कारण जल, वायु, भूमि, पशु, मानव व अन्य जीवों पर कोई कुप्रभाव नहीं पड़ता था। हरित क्रान्ति के फलस्वरूप अंधाधुंध रासायनिक खादों व कीटनाशकों के प्रयोग से भूमि की उर्वरा शक्ति में कमी आती गई, और मृदा की भौतिक दशा बिगड़ती गई जिसके फलस्वरूप अनाज, दाल, सब्जी, फल आदि की गुणवत्ता व स्वाद में क्षीणता आती गई। अतः जैविक खादों का प्रयोग करके, भूमि की उर्वरा शक्ति सतत् प्रभावशाली बनाये रखने के लिए वर्मी कम्पोस्ट की आवश्यकता महसूस हुई। बेकार कार्बनिक पदार्थों जैसे पुआल, भूसा, सूखी घास, जलकुम्भी, सब्जियों के छिलके, पशुओं का मलमूत्र आदि के द्वारा केचुओं की सहायता से खाद का निर्माण करना ही वर्मी कम्पोस्टिंग कहलाता है। केचुओं से विसर्जित उत्सर्जी पदार्थ को वर्मी कम्पोस्ट कहते हैं।

चित्र : वर्मी कम्पोस्ट का द्योतक-केचुएँ

पोषक तत्वों की प्रतिशतता

प्रायोगिक परीक्षण के आधार पर पोषक तत्वों की प्रतिशत मात्रा निम्नवत है :

नाइट्रोजन	1.5-2.0 प्रतिशत
फॉस्फोरस	0.2-0.3 प्रतिशत
पोटेशियम	0.25-0.35 प्रतिशत

प्रयोग में प्रयुक्त केचुएँ

केचुएँ मुख्य रूप से तीन प्रकार के होते हैं। ऊपरी सतह के लिए एपीजोइक, मध्य सतह के लिए एनेसिक और निचली सतह के लिए इण्डोजोइक नामक प्रजाति के केचुएँ प्रयुक्त होते हैं। केचुआ खाद तैयार करने में ऊपरी सतह में पाये जाने वाले केचुएं प्रयोग किए जाते हैं। ये सूखे पत्ते, खरपतवार, गोबर आदि को खाकर कम्पोस्ट बनाते हैं। इसमें गोबर की खाद की अपेक्षा नाइट्रोजन 1.2-1.6 प्रतिशत, फास्फेट 1.8-2.0 प्रतिशत तथा पोटाश 1.5-0.75 प्रतिशत अधिक पाई जाती है। इस खाद में अति सूक्ष्म जीवाणु जो नाइट्रोजन की मात्राओं को बढ़ाते है हार्मोन (नाइट्रोजन व ऑक्सीजन) तथा एंजाइम भी पाए जाते हैं। ये पौधों का सम्पूर्ण विकास करने में एक अहम् भूमिका निभाते हैं।

वर्मी कम्पोस्ट बनाने के लिए मुख्य रूप से दो प्रजातियाँ **एसीनिया फेटिडा** और **यूड्रिलस यूजेनी** प्रयोग में लायी जाती है। इण्डोजोइक प्रजाति (**पेरिआनिक्स इवस्वेट्स** और **पेरिआनिक्स सेन्सीवेरिक्स**) के केंचुओं को वर्मी कम्पोस्ट बनाने के लिए प्रयोग में लाया जा सकता है। परन्तु ये धीरे-धीरे खाद बनाते हैं। प्रजाति **यूड्रीलस यूजेनी** दक्षिण भारत के लिए तथा **एसेनियाफोटिडा** पूरे देश के लिए उपयुक्त है।

चित्र : वर्मी कम्पोस्ट तैयार करने की प्रक्रिया

वर्मी कम्पोस्ट उत्पादन

किसी छायादार जमीन पर 3 मीटर लम्बी, 1 मीटर चौड़ी व 30 सेमी. ऊँचाई का ढाँचा बनाकर वर्मी कम्पोस्ट तैयार कर सकते हैं। इसमें ढांचे की आधारीय सतह पर ईंट

बिछाकर खांचों को सीमेण्ट बालू की सहायता से भर देते हैं तब कार्बनिक पदार्थों के मिश्रण को डालते हैं। दूसरी विधि से वर्मी कम्पोस्ट बनाने के लिए जमीन के ऊपर 1.5 मीटर लम्बा, 1 मीटर चौड़ा व 7.5 मीटर ऊँचाई का ढांचा बना लिया जाता है।

ढाँचों की भराई के लिए कूड़ा-करकट, पुवाल, खरपतवार व गोबर आदि ढाँचे में डालकर उसमें 1-2 किलोग्राम केचुआ डाल देते हैं। यह ध्यान देना आवश्यक है कि, जो भी पदार्थ ढाँचे में डाला जाये वह 2-3 सप्ताह तक घूरे में पड़े रहने के बाद पुनः तापक्रम कम हो जाने पर ही डालें। वर्मी कम्पोस्ट बनाने के लिए 40-50 प्रतिशत नमी व 20-30 सेल्सियस तापक्रम होना चाहिए। इस तापक्रम व नमी के स्तर को बनाये रखने के लिये आवश्यकतानुसार पानी का छिड़काव करते रहें।

यदि ढांचे में उचित तापक्रम (20-30 डिग्री सेल्सियस) व नमी (40-50%) बनाये रखा जाये, जो उपरोक्त आकार की संरचना से लगभग 3 क्विण्टल वर्मी कम्पोस्ट तैयार हो जाती है। खाद्य पदार्थ हवा, नमी, तापक्रम की उपर्युक्त परिस्थितियों में केचुएँ प्रजनन प्रारम्भ कर अपनी संख्या में गुणात्मक वृद्धि करते हैं। 1000 केचुओं से सामान्यतः 3 माह में 9000 केंचुएँ तैयार हो जाते हैं।

खाद निकालने की विधि व भण्डारण

खाद निकालने से 2-3 दिन पूर्व पानी देना बन्द कर दें। इससे केचुएँ तली में चले जाते हैं। अब खाद को निकालकर किसी छायादार स्थान पर ढेर लगा देते हैं। इसे 2 मिलीलीटर छन्नी से छानकर, 20-25 प्रतिशत नमी बनाये रखते हुए छायादार स्थान पर रखते हैं। पूरे ढांचे को 48 घंटे में ही भरकर बन्द कर दें। नमी बनाये रखने के लिये आवश्यकतानुसार पानी का छिड़काव कर दें। ढांचे को धूप से बचाने के लिए छप्पर या घास-फूस द्वारा छाया देनी चाहिए।

चित्र : वर्मी कम्पोस्ट गड्ढा

एक ढांचे में 900-1200 ईंट लगती हैं, यदि कुछ टुकड़ों का प्रयोग कर लें तो लागत कम हो जाती है। अच्छा तो यही होगा कि पूरा ढांचा सीमेण्ट, बालू, ईंट की सहायता से बनायें। यदि कच्चे गारे का प्रयोग करते हैं तो रद्दी सीमेण्ट से भी बना सकते हैं।।

प्रयोग करने की विधि व मात्रा

वर्मी कम्पोस्ट बोआई से पूर्व सब्जी फसलों में 4-5 टन प्रति एकड़ खाद्यान्न फसलों में 2-3 टन प्रति एकड़ फलदार पेड़ों में आवश्यकतानुसार 1-10 किग्रा. प्रति पेड़ व गमलों में 100 ग्राम प्रति गमला प्रयोग करना चाहिए, यह उचित रहेगा।

वर्मी कम्पोस्ट उपयोग की मात्रा

वर्मी कम्पोस्ट का उपयोग विभिन्न फसलों में अलग-अलग मात्रा एवं किस्मों के अनुसार किया जाता है। जो इस प्रकार है—

क्रम	फसल	मात्रा
1.	खाद्यान्न फसल	5 से 6 टन प्रति हैक्टेयर
2.	फलदार पेड़	1 से 10 किग्रा. प्रति पेड़
3.	गमले	100 ग्राम प्रति गमला
4.	सब्जियाँ	10 से 12 टन प्रति हैक्टेयर

वर्मी कम्पोस्ट में पायी जाने वाली पोषक तत्वों की प्रतिशतता

वर्मी कम्पोस्ट में औसत नाइट्रोजन की मात्रा गोबर की सड़ी खाद के समान ही होती है परन्तु कार्बन, कैल्शियम एवं फास्फोरस की मात्रा गोबर खाद की तुलना में अधिक होती है। दूसरी तरफ पौटेशियम एवं सूक्ष्म पोषक तत्व वर्मी कम्पोस्ट में गोबर की खाद की तुलना में कम मात्रा में पाये जाते हैं।

सारणी 7.1

वर्मी कम्पोस्ट एवं गोबर की खाद में उपलब्ध पोषक तत्व

मानक	वर्मी कम्पोस्ट	गोबर की खाद
पी.एच.मान	7.2	7.2
विद्युत चालकता (डीएसएम)	0.32	0.18
सेन्द्रीय द्रव्य (प्रतिशत)	20.9	12.2

मुफ्त कैल्शियम कार्बोनेट	7.8	--
कार्बन नाइट्रोजन अनुपात	34.7	24.4
मुख्य पोषक तत्व		
कुल नाइट्रोजन प्रतिशत	0.56	0.50
उपलब्ध नाइट्रोजन (पी.पी.एस.)	387	375
कुल फास्फोरस (प्रतिशत)	1.48	0.75
कुल पोटाश (पी.पी.एन)	0.36	2.30
उपलब्ध पोटाश (पी.पी.एम.)	4060	26030
सूक्ष्म पोषक तत्व		
आयरन (पी.पी.एम.)	21.6	24.7
जिंक (पी.पी.एम.)	12.7	40.0
मैग्निज (पी.पी.एम.)	19.2	12.0
कॉपर (पी.पी.एम.)	5.8	2.8

कम्पोस्ट की गुणवत्ता बढ़ाने के उपाय

1. गोबरगैस की स्लरी के प्रयोग से खाद कम समय में तैयार हो जाती है।
2. दीमक के प्रकोप से बचाने के लिये नीम की पत्तियों का भराई में प्रयोग करें।
3. मिट्टी की परतों से पूरे ढांचे को भरने में 5 किग्रा. सिंगल सुपर फास्फेट का प्रयोग करने से खाद की पोषण क्षमता में वृद्धि होती है।
4. कम्पोस्ट में कार्बन नत्रजन का अनुपात सही रखने के लिए सूखा भाग 60 तथा हरा भाग 40 के अनुपात में प्रयोग करें।
5. खरपतवार तथा जानवरों के नीचे का पुआल प्रयोग करने से गुणवत्ता बढ़ जाती है।
6. गड्ढे की भराई के समय विभिन्न परतों में 500 ग्राम से 2 किग्रा. फास्फोरस घोलक सूक्ष्म जीवाणुओं का कल्चर मिलाने से गुणवत्ता में वृद्धि होती है।

सावधानियाँ

1. केंचुओं को आवश्यक हवा देने के लिए प्रत्येक सप्ताह गुड़ाई करें।
2. साथ ही साथ मेढ़क, सांप, चिड़ियाँ व लाल चींटी आदि से रक्षा करें।

3. गड्ढे में ताजा वानस्पतिक पदार्थ प्रयोग न करें, बल्कि अधसड़ा पदार्थ ही डालें।
4. गड्ढे को धूप व वर्षा से बचायें।
5. लगातार उपयुक्त नमी बनाये रखें।

काऊ पैट पिट (सी.पी.पी.)

जमीन में 90 सेमी. लम्बे, 60 सेमी. चौड़े तथा 45 सेमी, गहरे गड्ढे में, गाय के गोबर तथा बायोडायनेमिक प्रिप्रेशन की सहायता से तैयार की जाने वाली खाद को सी.पी.पी. या काऊ पैट पिट कहते हैं। विश्व के विभिन्न क्षेत्रों में इस पद्धति से उत्पादित कृषि उत्पाद का नियमानुसार प्रमाण पत्र प्राप्त होता है जिसे डेमेटर कहते हैं।

काऊ पैट पिट से तैयार खाद के प्रयोग से पौधों की वृद्धि व विकास अधिक होता है, क्योंकि पौधों की उपापचय सम्बन्धी क्रियायें बढ़ जाती हैं। यह खाद भूमि में पाये जाने वाले लाभदायक सूक्ष्म जीवों की क्रियाशीलता बढ़ा देती है, साथ ही खड़ी फसल पर स्प्रे करने पर कुछ बीमारी पैदा करने वाले सूक्ष्म जीवों को नष्ट कर देती है, जिससे बीमारियों की रोकथाम में भी सहायता मिलती है। इस खाद में लगभग 1.25-1.40 प्रतिशत नाइट्रोजन, 0.3-0.5 प्रतिशत फास्फोरस एवं 0.4-0.6 प्रतिशत पोटाश पाया जाता है।

प्रयोजनीय आवश्यक सामग्री

गाय का गोबर 50-60 किलोग्राम, अण्डे का छिल्का 250 ग्राम, बायोडायनेमिक प्रिपेशन 502-507 की एक-एक ग्राम मात्रा, 100 ग्राम गुड़ का घोल तथा बेसाल्ट पाउडर 500 ग्राग से 1.0 किलोग्राम तक।

तैयार करने की विधियाँ

भूमि में 90 सेमी. लम्बा, चौड़ा तथा 45 सेमी. गहरा गड्ढा बनायें। गड्ढे की भीतरी दीवारों पर ईंटों की सहायता से दीवार बनायें। अन्दर की दीवार तथा फर्श को गाय के गोबर से लेप कर दें। अण्डे का छिल्का बारीक पीसकर बेसाल्ट के साथ गोबर में मिलाकर मिश्रण बना लें। तीन-चौथाई गड्ढा तैयार मिश्रण (गाय का गोबर + अण्डे का बारीक छिल्का + बेसाल्ट) से भर दें।

बी.डी. प्रिपरेशन 507 को लगभग आधा लीटर पानी में गुड़ के साथ अच्छी तरह घोलकर 30 मिनट तक घड़ी की विपरीत तथा सापेक्ष दिशा में घुमायें।

बी.डी. प्रिपेशन 502-506 को गोबर में अंगूठे से छेद करके चारों कोनों और बीच में दबा दें। फिर 507 के तैयार घोल को पूरे गोबर पर छिड़क दें। तत्पश्चात् जूट बोरे से गड्ढे को ढक दें। वर्षा से बचाने के लिए ऊपर से छप्पर बना दें। ठीक एक माह बाद किसी लकड़ी या पंजे से ऊपर की गोबर की सतह को जला दें। यदि नमी कम हो तो पानी का

छिड़काव करें। 3 महीने बाद जब बदबू आना बन्द हो जाये तो समझना चाहिए कि खाद तैयार हो गई। इस प्रकार गड्ढे में लगभग 25 किग्रा. खाद तैयार हो जाती है।

भण्डारण

तैयार खाद को मिट्टी के बर्तन (घड़े) में भरकर छायादार स्थान में रखकर भण्डारित करें, साथ-साथ बर्तन के मुँह पर पतला कपड़ा बांध दें एवं गर्मी कम होने पर पानी के छींटे मारकर नमी बनाये रखें।

प्रयोग की मात्रा

500 ग्राम से 1 किलोग्राम खाद को 45 लीटर शुद्ध पानी में घड़ी की दिशा एवं विपरीत दिशा में 30 मिनट तक डण्डे की सहायता से मिलायें और अन्तिम जुताई के समय, खेत की बोआई या रोपाई से पूर्व, भूमि में कूचे या ब्रुश की सहायता से छिड़काव करें। चालीस लीटर पानी में एक किलोग्राम काउपैट पिट मिलाकर ट्री पेस्ट के रूप में प्रयोग किया जा सकता है।

इसका प्रयोग प्रवर्धन तकनीक, रूटिंग मीडिया तथा डिपिंग आदि में किया जाता है एवं गमले में मिश्रण में मिट्टी के साथ भरा जा सकता है।

नाडेप कम्पोस्ट

आज जबकि दिनों-दिन किसान के पास पशुधन की कमी होती जा रही है, जमीन में अंधाधुंध रासायनिक खादों, कीटनाशकों के प्रयोग से जमीन की भौतिक दशा खराब होती जा रही है, साथ ही साथ हमारे स्वास्थ्य पर भी विपरीत प्रभाव पड़ रहा है। ऐसी दशा में कम गोबर से अधिक खाद बनाने की यह सर्वोत्तम विधि है। इसलिए इस विधि से तैयार खाद को नाडेप कम्पोस्ट भी कहते हैं।

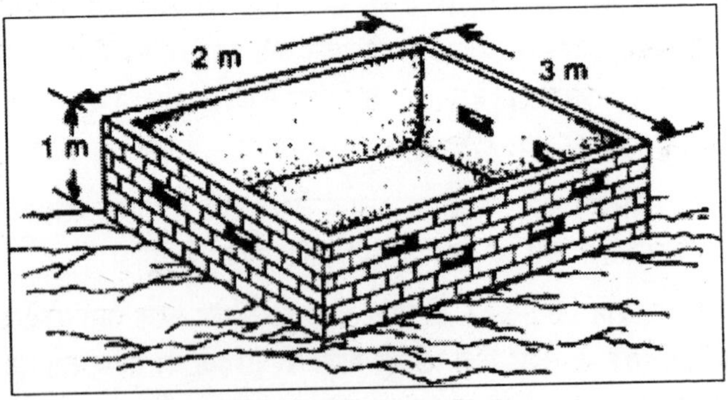

चित्र : नाडेप कम्पोस्ट टैंक

नाडेप क्यों?

1 किग्रा. गोबर से 30-40 किग्रा. प्रचलित तरीके से तैयार खाद की अपेक्षा अधिक प्रभावशाली खाद बनती है। सरल व कम खर्चीली होती है। गोबर की खाद की तुलना में दो गुना अधिक लाभदायक है। तापक्रम अधिक हो जाने के कारण खरपतवारों के बीज नष्ट हो जाते हैं। अनावश्यक कार्बनिक पदार्थ का सदुपयोग हो जाता है।

पोषक तत्वों की प्रशितता

नाइट्रोजन	1.0 से 1.4 प्रतिशत
फास्फोरस	0.8 से 0.9 प्रतिशत
पोटाश	1.2 से 1.3 प्रतिशत

निर्माण हेतु आवश्यक सामग्री

ईंट, सीमेंट तथा मिट्टी से बना 12.5.3 फिट आकार का जालीदार ढाँचा। गोबर 90 से 100 किलोग्राम, पानी, सूखी छनी मिट्टी, पुवाल, पत्ती, खरपतवार, जलकुम्भी तथा वानस्पतिक पदार्थ 1,400-1,500 किग्रा. आदि।

ढांचा तैयार करने की विधि

1. सर्वप्रथम 6 इंज गहरी नाली खोदें और 9 इंच मोटी दीवार की सहायता से 12 फीट लंबा, 5 फीट चौड़ा व 3 फीट ऊँचा टैंक बनाये।
2. प्रत्येक दो रद्दों के बाद तीसरे रद्दे की चिनाई के समय प्रत्येक ईंट के बाद 7 इंच का छेद छोड़कर चिनाई कर दें।
3. पहली लाइन के दो छेदों के मध्य दूसरी लाइन के छेद तथा दूसरी लाइन के दो छेदों के मध्य तीसरी लाइन के छेद सामने आयें।
4. सबसे ऊपर रद्दे को सीमेंट की सहायता से जोड़ें, ताकि ढांचा मजबूत बने।
5. तैयार ढाँचे की अन्दर की दीवारों तथा फर्श को गोबर व मिट्टी के मिश्रण से लेप दें।
6. भली प्रकार सूखे ढांचे को कम्पोस्ट बनाने में प्रयेाग करते हैं।

ढांचा भरने की विधि

भीतर की दीवार व फर्श को गोबर तथा मिट्टी के घोल से लेप कर दें, उसके बाद 4-6 इंच डंठल की पहली पर्त तैयार करें।

पतली परत में 60 : 40 के अनुपात में सूखा तथा हरा वानस्पतिक पदार्थ भर दें। 100 लीटर पानी में 4 किग्रा. गोबर घोलें और वानस्पतिक पदार्थ को घोल से भिगायें। यदि गोबर गैस की स्लरी हो तो 10 किग्रा. स्लरी पानी में घोलें।

दूसरी परत में वानस्पतिक पदार्थ की मिट्टी की 2 इंच मोटी परत से ढक दें तथा थोड़ा सा पानी ऊपर से छिड़क दें। इस प्रकार ढांचे को अपनी उँचाई से 1.5 फुट तक 5-6 पर्तों से भरते हैं तथा ऊपर से 2 इंच मोटी गोबर मिट्टी के मिश्रण के लेप से परत बनाकर बन्द कर दें।

द्वितीय भराई से 15-20 दिन बाद खाद सामग्री सिकुड़ कर 5-6 इंच नीचे तक बैठ जाती है। अब पुनः पहली भराई की तरह वानस्पतिक पदार्थ, गोबर घोल और मिट्टी की सहायता से ढांचे को 1.5 फीट ऊँचा भर दें तथा गोबर और मिट्टी से लेपकर सील कर दें।

कम्पोस्ट तैयार होने की अवधि व मात्रा

प्रथम भराई के 90 से 120 दिन बाद कम्पोस्ट खाद तैयार हो जाती है। तैयार खाद भूरे रंग की गंन्धरहित युक्त होती है। इस प्रकार के आकार के ढांचे से लगभग 30 क्विण्टल कम्पोस्ट खाद तैयार होती है।

खाद प्रयोग करने के तरीके

30 से 50 क्विण्टल प्रति एकड़ की दर से बोआई से 15 दिन पूर्व खेत में फैलाकर जुताई कर मिट्टी में मिला दें।

खाद की परिपक्वता

तीन से चार महीने में खाद भूरे रंग की बन जाती है और दुर्गन्ध समाप्त होकर अच्छी खुशबू आती है। खाद सूखना नहीं चाहिए। छनी खाद प्रति एकड़ 20 से 25 घन फीट बोकर दी जा सकती है।

नाडेप कम्पोस्ट की गुणवत्ता बढ़ाना

1. टांके (परत) को भरने के लगभग 75-80 दिन पश्चात् टांके की छत पर बाँस की सहायता से नीचे की सतह तक जगह-जगह छिद्र कर दिये जायें। इन छिद्रों में 500 ग्राम पी.एस.बी. एज़ेक्टोबैक्टर 500 ग्राम, राइजोबियम 500 ग्राम को 23.00 लीटर पानी में घोलकर डाल दिया जाये। तत्पश्चात् इन छिद्रों को दुबारा लीपकर बन्द कर दिया जाये। इससे कम्पोस्ट की गुणवत्ता भी बढ़ेगी तथा इसके बनने की प्रक्रिया में तीव्रता आयेगी।

2. कम्पोस्ट की गुणवत्ता बढ़ाने हेतु यह उचित होगा कि तह बिछाते समय एक हल्की तह रॉकफॉस्ट या सिंगल सुपर फास्फेट की परतों के बीच बिछा दी जाये। 3 से 4 किग्रा. सिंगल सुपर फॉस्फेट या रॉकफॉस्फेट एक टांके (परत) के लिए पर्याप्त होगा।

3. नापेड में बायोडायनेमिक कल्चर का प्रयोग करने से सूक्ष्मजीवी जीवाणुओं में अत्यधिक वृद्धि पायी गयी है।

सारणी 7.2

नाडेप कम्पोस्ट

प्रकार (सी.एफ.यू/ग्रा)	बैक्टीरिया (सी.एफ.यू/ग्रा)	एक्टिनोमाइसीटिज (सी.फ.यू/ग्रा.)	फफूँदी
नाडेप	30 .107	26.107	10.105
नाडेप + बी.डी.	60.104	80.107	25.105

नाडेप कम्पोस्ट पद्धति की विशेषतायें एवं लाभ

1. इससे जो खाद बनती है, वह कृषि को नाइट्रोजन, फास्फोरस, पोटाश एवं सूक्ष्म अन्न द्रव्ययुक्त खाद बड़ी मात्रा में उपलब्ध कराती है।

2. इससे 1 किग्रा. गोबर से 30 से 40 किग्रा. उत्तम जीवाणुयुक्त अच्छी सुगंध वाली खाद बनती है।

3. इससे जो खाद बनती है, वह गोबर खाद से 3 से 4 गुना प्रभावशाली होती है।

4. इससे ग्रामीण क्षेत्र में रोजगार बढ़ेगा, उससे गांव की मनुष्यशक्ति और पूँजी गाँव में रहेगी। ग्रामीण क्षेत्र में रोजगार उपलब्ध होने से शहरों का बोझ कम होगा।

5. इससे किसान रासायनिक उर्वरक एवं कीटनाशक दवाओं के दुष्चक्र से बच सकेगा।

6. यह सम्पूर्णतया अप्रदूषणकारी है। गाँव के कूड़े-कचरे का कल्याणकारी उपयोग होकर गांव स्वच्छ रहकर स्वस्थ्यवर्धन होगा तथा पोषक खाद्यान्न तैयार होगी।

7. यह तकनीक सरल होने से कोई भी किसान इसे थोड़े परिश्रम से अपना सकता है और थोड़ी सी पूँजी लगाकर अपने आप में उद्यमी का स्वरूप प्राप्त कर सकता है।

जीवामृत खाद

आवश्यक सामग्री

गाय का गोबर, गोमूत्र, दही, दाल का आटा एवं गुड़।

तैयार करने की विधि

गाय का गोबर 60 किग्रा., गोमूत्र 10 लीटर, दाल का आटा 2 किग्रा, गुड़ 2 किग्रा. तथा दही 2 किग्रा. इन सभी को अच्छी प्रकार मिलाकर दो दिन रखें तत्पश्चात् 200 लीटर पानी मिलाकर एक एकड़ क्षेत्र में छिड़काव करना चाहिए।

परिणाम

खेत में असंख्य सूक्ष्म जीवाणुओं की वृद्धि तथा ह्यूमस में बढ़ोतरी होती है। फलदार वृक्ष में तने से 2 मीटर दूर एक फुट चौड़ी तथा एक फुट गहरी नाली खोदकर खेत पर उपलब्ध कूड़ा-करकट से भरकर जीवामृत खाद से गीला करें। परिणामस्वरूप उच्च गुणवत्ता का फलोत्पादन होता है।

मटका खाद

आवश्यक सामग्री- गाय का गोबर, गोमूत्र, गुड़।

तैयार करने की विधि

15 किग्रा. गाय का ताजा गोबर, 15 लीटर ताजा गोमूत्र, 15 लीटर पानी एवं आधा किग्रा. गुड़ अच्छी तरह घोल कर मिला ले तथा मिट्टी के घड़े में अच्छी प्रकार घोल कर कपड़ा अथवा टाट पट्टी से अच्छी प्रकार मुँह को बंद कर दें। 4-6 दिन बाद 200 लीटर पानी मिलाकर एक एकड़ खेत में बोने से 15 दिन पूर्व तथा बुआई के एक सप्ताह बाद दूसरा छिड़काव करें।

गोबर गैस स्लरी

गोबर गैस प्लांट से गोबर से ज्वलनशील गैस प्राप्त कर शेष बची हुई गोबर स्लरी को बहुमूल्य खाद में परिवर्तित किया जा सकता है। स्लरी खाद में जैविक कार्बन 25-30 प्रतिशत, नाइट्रोन 15 से 2.5 प्रतिशत के अनुपात में देशी पशु आहार में मिलाकर प्रयोग करने से भी उत्साहजनक परिणाम देखें गये हैं।

वर्मीवाश

केचुओं द्वारा छोड़े गये अवशिष्ट पदार्थ को वर्मीवाश कहते हैं। यह अत्यन्त ही उपजाऊ एवं पौध वृद्धि उत्प्रेरक में विशेष सहायक होता है अर्थात् वर्मीवाश एक द्रव खाद है जो कि केचुओं के अपशिष्ट पदार्थ म्यूकस स्राव का मिश्रण है। इसका पौधों की पत्तियों

पर छिड़काव किया जाता है। यह पौधों की वृद्धि को बढ़ाकर उत्पादन बढ़ाने में महत्वपूर्ण भूमिका निभाता है एवं पौधों को बीमारियों से बचाकर रखता है। यह एक साफ पारदर्शी पीले रंग का द्रव होता है। वर्मीवाश मिश्रण को पौधशाला, लान एवं बगीचों में छिड़कने से अच्छे परिणाम प्राप्त होते हैं।

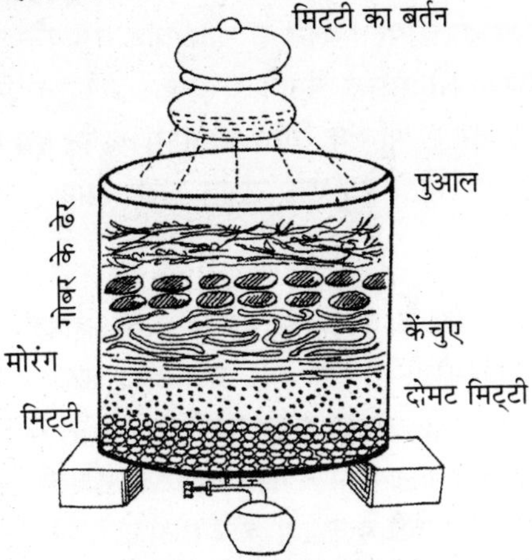

चित्र : वर्मीवाश यूनिट

वर्मीवाश तैयार करने की विधि

1. वर्मीवाश को इकाई ड्रम या बाल्टी अथवा बड़े गमले में आवश्यकतानुसार बनाई जा सकती है। वर्मीशाला बनाने के लिए ड्रम का बाहरी हिस्सा खुला होना चाहिये। इसे बनाने के लिए 300 लीटर क्षमता का ड्रम ले, उसके पेंदे में एक निकासी हेतु टोटी लगा दें। टोटी के अन्दर की तरफ जाली लगा दें ताकि कचरा नहीं फंस पाये। सबसे नीचे 30 सेमी परत अमरूद के आकार के पत्थरों से भरें। इसके ऊपर 20 सेमी. कंकरीट की परत भरें, 15 सेमी., रेत की परत डालें किग्रा. फिर इसके ऊपर गाय अथवा भैंस का ठंडा कच्चा गोबर ड्रम की गर्दन तक भरें।

गोबर में 2-3 किलो एपिजोइक प्रजाति के केचुएं छोड़ दें एवं ऊपर घास पूस की पतली परत बना दें। ड्रम के ऊपर एक मटका रखें जिसके पेंदें में छोटा छिद्र हो ताकि बूंद बूंद पानी टपकता रहे। पानी गिरने की गति इस प्रकार रखें कि 24 घंटे में 3 लीटर पानी ही गिरे। ड्रम भरे हुए गोबर को केचुएं वर्मी कम्पोस्ट में बदलते रहेंगे। यह प्रक्रिया 15 दिन में पूरी होगी। ड्रम में तैयार वर्मी कम्पोस्ट को एकत्रित कर लें एवं इसके स्थान पर ठंडा किया कच्चा गोबर पुनः भर दें। प्रतिदिन लगभग 2.50 लीटर वर्मीवाश तैयार होगा जिसे बोतलों में भरकर एक बड़ी टंकी में भर दें। यह वर्मीवाश किसी भी फसल में छिड़काव हेतु प्रयोग कर सकते हैं।

वर्मीवाश का प्रयोग सात गुना पानी में मिलाकर पौधों पर प्रातः या सायंकाल छिड़काव द्वारा दिया जाता है। इससे पौधों का विकास व वृद्धि होती है। वर्मीवाश तथा गोमूत्र मिश्रण दस गुना पानी में मिलाकर छिड़काव करने से यह प्रभावकारी कीटनाशक एवं तरल खाद के रूप में कार्य करता है। इसके उपयोग से किसानों को कम लागत पर अच्छी फसल व अच्छी कीमत मिलने के साथ-साथ रासायनिक उर्वरकों के कुप्रभाव से मुक्ति तथा पर्यावरण को स्वच्छ बनाने में अपार सफलता मिलती है। निःसन्देह वर्मीवाश के कृषि में प्रयोग से भूमि के गिरते जीवांश, कार्बन एवं मृदा उर्वरता में हो रहे ह्रास को रोककर टिकाऊ खेती हेतु एक उचित कदम होगा।

टंकी निर्माण

वर्मीवाश हेतु 8.8 फीट का पक्की (ईंट एवं सीमेंट की सहायता से) डेढ फीट ऊंची टंकी बनायी जाती है। इसके एक फीट नीचे लगा हुआ छोटा टांका आकार-1 फीट गुणा 1 फीट का उसी तरह बनाया जाता है। बड़ी टंकी को बनाते समय इस बात का विशेष ख्याल रखें कि जिस तरफ छोटी टंकी हो उस तरफ ढलान कर दें ताकि बड़ी टंकी में एकत्र सामग्री असानी से बहकर छोटी टंकी में चली जाये। बड़ी टंकी में जहाँ पर नीचे छोटी हो वहां पाईप के माध्यम से एक नल की टोटी भी लगायें ताकि बड़ी टंकी का अवशिष्ट छोटी टंकी में रिसता रहे।

आवश्यक सामग्री–बड़ी टंकी में 80-100 किग्रा. केचुएँ डालें इनके भोजन हेतु 250 किग्रा सड़ा गोबर डालें ताकि केचुएँ पर्याप्त रूप से भोजन ग्रहण कर सकें। ऊपर से जूट की पट्टी से ढंक दें। इसके पश्चात् प्रतिदिन कम से कम 4-5 लीटर पानी हजारे के माध्यम से पट्टियों के ऊपर डालें।

इन केचुओं को एक सप्ताह पश्चात् निकालकर इसमें गोबर खाद बदल दें। यदि केचुओं को अलग करना है तो निकाल लें अन्यथा इन्हीं केचुओं को दुबारा उपयोग में लाया जा सकता है। एक बात का विशेष ख्याल रखें कि टंकी में प्रयुक्त सड़ी गोबर खाद अवश्य बदल लें क्योंकि केंचुओं के दुबारा भोजन के लिए नयी सड़ी गोबर खाद का होना आवश्यक है। इस क्रिया से प्रतिदिन 4-5 लीटर वर्मीवाश छोटी टंकी में एकत्र होता रहेगा। इस वर्मीवाश को किसी पात्र में इकट्ठा करते जायें।

वर्मीवाश को प्रयोग करने की विधि–वर्मीवाश का प्रयोग खड़ी फसलों में पत्तियों पर छिड़कना चाहिए। वर्मीवाश का सीधा छिड़काव 50 प्रतिशत वर्मीवाश एवं 50 प्रतिशत पानी मिलाकर छिड़काव करना चाहिए तथा इसका प्रयोग फसलों, सब्जियों, फूल वाले पौधों एवं फलादार पेड़-पौधों पर किया जा सकता है।

वर्मीवाश का फसलों के उत्पादन पर प्रभाव–वर्मीवाश का विभिन्न सान्द्रता के रूप में विभिन्न फसलों पर प्रयोग किया गया है एवं वैज्ञानिकों के शोध करने पर पाया कि

इसके पत्तियों पर छिड़काव से फसलों के उत्पादन एवं गुणवत्ता पर सार्थक प्रभाव पाये गये। 50-50 के अनुपात में वर्मीवाश एवं पानी का छिड़काव से सब्जियों में फूल जल्दी आना, फलों का आकार बढ़ना पाया गया। अन्ततः उत्पादन बढ़ा।

वर्मीवाश के प्रयोग से उत्पादन एवं गुणवत्ता में वृद्धि के साथ ही कीड़े एवं बीमारियों के आक्रमण से पौधों को बचाया जा सकता है। विभिन्न शोध के परिणामों के आधार पर वर्मीवाश एक बहुगुणी पोषक तत्वों से भरपूर एवं बीमारियों से बचाव हेतु एक उत्तम द्रव खाद है। फसल उत्पादन बढ़ाने के लिए आजकल रासायनिक खाद का अधिकाधिक मात्रा में उपयोग किया जा रहा है, जिसके फलस्वरूप मृदा के पोषक तत्वों का ह्रास हो रहा है तथा पर्यावरण भी दूषित हो रहा है। इनके हानिकारक प्रभाव से पौधों तथा मृदा को बचाने के लिए जैविक खाद का प्रयोग किया जाना चाहिए। वर्मीवाश एक तरल जैविक खाद है, जो छिड़काव द्वारा प्रयोग में लाई जाती है। इससे पौधों की वृद्धि के लिए आवश्यक पोषक तत्व जैसे कि नाइट्रोजन, फॉस्फोरस व पोटाश के अतिरिक्त हार्मोन आक्सिन तथा साइटोकाइनिन की कुछ मात्रा भी होती है जो पौधों के लिए भी लाभकारी है।

वर्मीवाश का उपयोग पौधों में टॉनिक के रूप में तथा कीटनाशक के रूप में भी किया जा सकता है। प्रेक्षणों के आधार पर वर्मीवाश के उपयोग से फसलों में वृद्धि एवं दानों की गुणवत्ता भी सुधरती है। इसका प्रयोग 15 लीटर पानी में 200-400 मि.लि. प्रति एकड़ (फसल अनुसार) करना चाहिए। बाजार में उपलब्ध पौधा टीनिक से तुलना करने पर वर्मीवाश के उपयोग से 400-500 रु. प्रति लीटर इससे बचाया जा सकता है और फसल की गुणवत्ता भी सुधरेगी। वर्मीवाश में सभी पोषक तत्व सूक्ष्म मात्रा में पाये जाते हैं और एंजाइम्स जैसे जिबरेलीक एसिड, ऑक्जीन, साइटोकाइनिन एन्जाइम जैसे लाइपेज इत्यादि पाये जाते हैं।

वर्मीवाश का उपयोग सामान्यतः फसलों की प्रारम्भिक अवस्था और पुष्पन के समय किया जाता है। तैयार वर्मीवाश को पौधों की पत्तियों पर छिड़काव किया जाता है। इसकी उपयोगिता बढ़ाने के लिए इसमें गोमूत्र मिलाकर इसमें दस गुना पानी मिलाया जा सकता है।

वर्मीवाश के लाभ-वर्मीवाश का पत्तियों पर छिड़काव करने से पौधों में वृद्धि एवं विकास शीघ्रता से होता है, साथ ही साथ फूलों की संख्या बढ़ जाती है। दानों एवं फलों का आकार भी बढ़ जाता है। पौधों में कल्ले एवं जड़ें निकलती हैं।

दानों एवं फलों का आकार बड़ा हो जाता है, दाने में चमक बढ़ जाती है जिससे बाजार भाव अच्छे प्राप्त होते हैं। यह उर्वरक के साथ-साथ कीटनाशक का भी काम करने लगता है।

□□□

8

जैव कीटनाशक

हमारे देश में खाद्यान्न फसलों को कीटों, रोगों एवं खरपतवारों आदि से प्रतिवर्ष 7 से 25 प्रतिशत की अपूर्णनीय क्षति होती है, जिसमें 33 प्रतिशत हरे घास वाले खरपतवारों द्वारा, 26 प्रतिशत खेतों में विद्यमान चूहों द्वारा तथा 8 प्रतिशत अन्य समसामायिक कारण सम्मिलित हैं। यह क्षति ज्वार में 10 प्रतिशत, गेहूँ में 11.4 प्रतिशत, गन्ना में 15 प्रतिशत, धान में 18.6 प्रतिशत, कपास में 22 प्रतिशत, दलहन में तथा तिलहन में 25 प्रतिशत तक होती है। अनुमानतः प्रदेश में औसत खपत 279.6. ग्राम प्रति हैक्टेयर है, जो देश के औसत खपत 288 ग्राम प्रति हैक्टेयर से कम है। इस औसत खपत में 58.7 प्रतिशत कीटनाशक, 22.0 प्रतिशत तृणनाशक, 16.0 प्रतिशत रोगनाशक तथा 3.3 प्रतिशत चूहा विनाशक सम्मिलित हैं। इन रसायनों का प्रयोग करने से जहाँ कीटों, रोगों एवं खरपतवारों में अनुकूलन की शक्ति पैदा होती है और कीटों के प्राकृतिक शत्रु प्रभावित होते हैं। वहीं पाये जाने वाले कीटनाशकों का अवशेष खाद्य पदार्थों, मिट्टी, पानी एवं वायु को प्रदूषित करने लगते हैं। कीटनाशक रसायनों के हानिकारक प्रभावों के लिए जैविक कीटनाशकों का प्रयोग करना अति-आवश्यक है।

जैविक पेस्टीसाइड सूक्ष्म जीवों को कीटो, फँफूदियों, जीवाणुओं एवं वनस्पतियों पर आधारित उत्पाद है, जो फसलों, सब्जियों एवं फलों को कीटों एवं व्याधियों से सुरक्षित कर उत्पादन बढ़ाने में सहयोग करते हैं। लगभग एक माह के अन्दर भूमि एवं जल से मिलकर जैविक क्रियाओं का अंग बन जाते हैं, संचालन करते हैं तथा स्वास्थ्य एवं पर्यावरण को कोई भी हानि नहीं पहुँचाते हैं। नीम एक प्राकृतिक पेस्टीसाइड है जिसमें एजाडिरेक्टिन,

बीटा-सिटोस्टीराल, सेनोनीन नामक रासायनिक तत्व पाये जाते हैं। जो फसलों को कीड़ों द्वारा खाने से बचाते हैं तथा फसलों को सुरक्षा प्रदान करता है। इसकी खलियाँ पौध संरक्षण एवं कीट नियन्त्रण में प्रयोग की जाती है।

जैविक कीटनाशकों से लाभ

जीव एवं वनस्पतियों पर आधारित उत्पाद होने के कारण जैविक कीटनाशक लगभग 20-30 दिनों में भूमि में मिलकर अपघटित हो जाते हैं तथा इनका कोई भाग अवशेष नहीं रहता। जैविक कीटनाशक कीटों एवं बीमारियों को मारते हैं, जबकि रासायनिक कीटनाशकों से मित्र कीट भी नष्ट हो जाते हैं। इनके प्रयोग से कीटों/व्याधियों में सहनशीलता एवं प्रतिरोध नहीं उत्पन्न होता जबकि अनेक रसायन कीटनाशकों के प्रयोग से कीटों में प्रतिरोध क्षमता उत्पन्न होती जा रही है जिनके कारण उनका प्रयोग अनुपयोगी होता जा रहा है। इनके प्रयोग से सफेद मक्खी अब अनेक फसलों तथा चने का फली छेदक अब कई अन्य फसलों को भी नुकसान पहुँचाने लगा है।

जैविक कीटनाशकों के प्रयोग के तुरन्त बाद फलियों, फलों, सब्जियों की कटाई कर इन्हें प्रयोग में लाया जा सकता है, जबकि रासायनिक कीटनाशकों के अवशिष्ट प्रभाव को कम करने के लिए कुछ दिनों की प्रतीक्षा करनी पड़ती है। जैविक कीटनाशकों के सुरक्षित, हानिरहित तथा पारिस्थितकीय मित्र होने के कारण विश्व में इनके प्रयोग से उत्पादित चाय, कपास, फल, सब्जियों तम्बाकू तथा खाद्यान्नों में दलहन एवं तिलहन की मांग एवं मूल्यों में वृद्धि हो रही है, जिसका परिणाम यह है कि कृषकों को उनके उत्पादों का अधिक मूल्य मिल रहा है।

जैविक कीटनाशक पर्यावरण, मनुष्य एवं पशुओं के लिए सुरक्षित तथा हानिरहित है। इनके प्रयोग से जैविक खेती को बढ़ावा मिलता है जो पर्यावरण एवं परिस्थितकीय का संतुलन बनाये रखने में सहायक होते हैं।

ट्राइकोग्रामा

यह ट्राइकोग्रामा जाति की अंड परजीवी छोटी ततैया है जो लैपीडाप्टेरा कुल के लगभग 200 प्रकार के नुकसानदेह कीड़ों के अंडों को खाकर जीवित रहता है। इस ततैया की लम्बाई 0.4 से 0.7 मिमी. होती है।

इसके अंडा देने की अवधि 16-24 घण्टे होती है। लार्वा की अवधि 2-3 दिन होती है। प्यूपा की अवधि 2-3दिन होती है। इस प्रकार गर्मियों में इनकी कुल अवधि 8-10 दिन तथा जाड़े में 9-12 दिन होती है।

मादा ट्राइकोग्रामा ततैया अपने अंडे हानि पहुँचाने वाले **कीड़ों** के अंडों के बीच में देती है तथा वहीं पर इनकी वृद्धि होती है। ट्राइकोग्रामा का जीवन-चक्र कीड़ों के अंडों के बीच चलता है। अंडों के निषेचन होने पर ट्राइकोग्रामा के लार्वा कीड़ों के अंडों के भ्रूण को खाकर अपना जीवन-चक्र पूरा करते हैं। ततैया अंडों में छेद कर बाहर निकलता है। ट्राइकोग्रामा की पूर्ति कार्ड के रूप में होती है, जिसमें एक कार्ड पर लगभग 20,000 अंडे होते हैं। फलों एवं सब्जियों के नुकसानदायक तनाछेदक, फलवेधक, पत्ती मोड़कर प्रकार के बंधक कीड़ों का जैविक विधि से नाश करने हेतु ट्राइकोग्रामा का प्रयोग किया जाता है। इससे 80 से 90 प्रतिशत क्षति को रोका जा सकता है।

ट्राइकोग्रामा को विभिन्न फसलों में 10 से 15 दिन के अंतराल पर 3 से 4 बार लगाया जाता है। खेतों में जैसे ही हानिकारक कीड़ों के अंडे दिखाई दें, तुरन्त ही कार्ड के छोटे-छोटे समान टुकड़ों में कैंची से काट कर खेत के विभिन्न भागों में पत्तियों की निचली सतह पर या तने, पत्तियों के जोड़ पर धागे से बांध दें। सामान्य फसलों में 5 किन्तु बड़ी फसलों जैसे गन्ना में 10 कार्ड प्रति हैक्टेयर का प्रयोग किया जाये। इसे सायंकाल खेत में लगाया जाये किन्तु इसके उपयोग के पहले व बाद में खेत में रासायनिक कीटनाशक का छिड़काव न किया जाय। ट्राइकोग्रामा को खेत में प्रयोग करने से पूर्व तक 5 से 10 डिग्री सेल्सियस तापक्रम पर शीतल स्थान में रखना चाहिए।

ट्राइकोडर्मा

ट्राइकोडर्मा एक घुलनशील जैविक फफूंदीनाशक है जो **ट्राइकोडर्मा विरडी** या **ट्राइकोडर्मा हजिएनम** पर आधारित है। ट्राइकोडर्मा में जड़ तथा तना गलन/सड़न उकठा (**फ्यूजेरियम, ऑक्सीस्पोरम, स्केल रोसिय डायलेक्टेमिया**) जो फफूंद जनित हैं, इन फसलों पर लाभप्रद पाया गया है। धान, गेहूँ, दलहनी फसलें, गन्ना, कपास, सब्जियों, फलों एवं फल वृक्षों पर रोगों से यह प्रभावकारी रोकथाम करता है।

ट्राइकोडर्मा के कवक तन्तु फसल के नुकसानदायक फफूंदी के कवक तन्तुओं को लपेट कर या सीधे अन्दर घुसकर उनका जीवन रस चूस लेते हैं और नुकसानदायक फफूंदी का नाश करते हैं। इसके अतिरिक्त भोजन स्पर्धा के द्वारा तथा कुछ ऐसे विषाक्त पदार्थ का स्राव करते हैं जो बीजों के चारों ओर सुरक्षा दीवार बनाकर हानिकारक फफूंदी से सुरक्षा देते हैं। ट्राइकाडर्मा से बीजों में अंकुरण अच्छा होकर फसलें फफूंद जनित रोगों से मुक्त रहती हैं एवं उनकी नर्सरी से ही वृद्धि अच्छी होती है।

नर्सरी पौध का उपचार 5 ग्राम ट्राइकोडर्मा को एक लीटर पानी में घोल बनाकर डुबोकर करना चाहिए। तत्पश्चात् बुवाई/रोपाई की जाये। बीजों के शोधन हेतु 4 ग्राम ट्राइकोडर्मा प्रति किलोग्राम बीज में सूखा मिलाकर बुवाई की जानी चाहिए। भूमि शोधन हेतु

एक किलोग्राम दवा को 25 किलोग्राम गोबर की खाद में मिलाकर हल्के पानी के छीटे देकर एक सप्ताह तक छाया में सुखाने के उपरान्त बुवाई के पूर्व प्रति एकड़ प्रयोग किया जाना चाहिए।

बहुवर्षीय पेड़ों के जड़ के चारों ओर गड्ढा खोदकर 100 ग्राम ट्राइकोडर्मा पाउडर को मिट्टी में सीधे या गोबर/कम्पोस्ट की खाद के साथ मिला कर दिया जाये।

यह एक जैविक उत्पाद है किन्तु खुले घावों, श्वसन तंत्र एवं आंखों के लिए नुकसानदायक है। अतः इसके प्रयोग के समय सावधानियां बरतनी चाहिए। इसके प्रयोग से पहले या बाद में किसी रासायनिक फफूंदनाशक का प्रयोग न किया जाये। ट्राइकोग्रामा की जीवन अवधि लगभग एक वर्ष है।

न्यूक्लियर पॉली हेड्रासिस वायरस

न्यूक्लियर पॉली हाइड्रोसिस वायरस (एन.पी.वी.) पर आधारित हरी सूंडी **(हेलिकोवर्पा आरमीजेरा)** अथवा तम्बाकू सूंड़ी **(स्पोडाप्टेरा लिटूरा)** का जैविक कीटनाशक है, जो तरल रूप में उपलब्ध है। इसमें वायरस कण होते हैं, जिनसे सूंडी द्वारा खाने या सम्पर्क में आने पर सूंड़ियों का शरीर 2 से 4 दिन के भीतर गाढ़ा भूरा, फूला व सड़ जाता है तथा सफेद तरल पदार्थ निकालता है व मृत्यु हो जाती है। रोग ग्रसित तथा मरी हुई सूंड़ियां पत्तियों एवं टहनियाँ पर लटकी हुई पाई जाती हैं। यह टमाटर, मिर्च, भिण्डी, मूँगफली, सूर्यमुखी, अरहर, मोटा अनाज, तम्बाकू एवं फूलों को नुकसान से बचाता है। प्रयोग करने से पूर्व 1 मिली, एन.पी.वी. को 1 लीटर पानी में घोल बनायें तथा ऐसे घोल को 250 से 500 लार्वल समतुल्य प्रति हैक्टेयर की दर से 12 से 15 दिनों के अंतराल पर 2 से 3 छिड़काव फसलों के लिए उपयोगी है। दूसरा छिड़काव सायंकाल करना चाहिए। इसकी जीवन अवधि 6 माह है।

विवेरिया बैसियाना

यह एक कवक जनित उत्पाद है, जो विभिन्न प्रकार के कैटरपिलर को नियंत्रित करता है। जिसमें फली छेदक (हेलियोथिस), स्पोडाप्टेरा, छेदक तथा बाल वर्म कैटरपिलर पर प्रभावी है। इनका छिड़काव करने पर उनमें बीमारी पैदा कर देता है जिससे कीड़े निष्क्रिय होकर मर जाते हैं। यह सब्जियों, फलों, फूलों पर उपयोगी है।

विवेरिया बैसियांना का छिड़काव 1.0 किग्रा./1.0 लीटर प्रति हैक्टेयर की दर से 12 से 15 दिन के अंतराल पर सायंकाल को किया जाये। यह अंडा, लार्वा, प्यूपा तथा फुदके आदि सभी दशाओं में प्रभावी है किन्तु उचित समय अंडा देने तथा शैशव लार्वा की है। इसकी जीवन अवधि एक वर्ष है।

बेसिलस थ्यूरिंजिएन्सिस (बी.टी.)

यह एक जीवाणु आधारित जैविक कीटनाशक है जो सूंडियों पर तत्काल प्रभाव डालता है। इससे सूंड़ियों पर लकवा, आंतों का फटना, भूखापन तथा संक्रमण होना है तथा यह दो से तीन दिन में मर जाती है। यह पाउडर एवं तरल दोनों रूपों में उपलब्ध है। इसका प्रयोग अरहर, फूलगोभी, पत्ता गोभी, टमाटर, बैंगन, मिर्च तथा भिण्डी में उपयोगी एवं प्रभावशाली है। इसका प्रयोग छिड़काव द्वारा किया जाता है। प्रति हैक्टेयर 500 से 1000 ग्राम मात्रा को 500 से 700 लीटर पानी में घोल बनाकर 15 दिन के अंतराल पर दो से तीन बार छिड़काव लाभकारी है। इसकी अवधि 24 से 36 माह है।

फेरोमोन ट्रैप (गंध पाश)

फेरोमोन ट्रैप फसलों को हानि पहुँचाने वाली सूंडियों के नर पतंगों के फंसाने के लिए चमकीले प्लास्टिक का बना होता है। इसमें कीप के आकार के मुख्य भाग पर लगे ढक्कन के मध्य में (मादा कीट की गंध ल्योर) लगाया जाता है जो नर पतंगों को अपनी ओर आकर्षित करता है। कीप के निचले भाग पर पॉलीथीन की थैली लगायी जाती है जिसमें पतंगे फंस जाते हैं। थैली के निचले मुख पर से रबर बैंड हटाकर फंसे पतंगे निकालकर मार दिये जाते हैं फेरोमोन ट्रैप को खेत में पतंगों की उपस्थिति पता करने के लिए 5-6 ट्रैप प्रति हैक्टेयर की दर से लगाया जाता है। इसे खेत में कीप पर लगे हत्थे द्वारा डंडे पर फसल की ऊँचाई से 30-60 सेन्टीमीटर ऊपर लगाया जाता है। ल्यूर (गंध रबर) में गंध रहित रबर पर मादा पतंगों की विशेष गंध (फेरोमोन) भरी होती है। विभिन्न प्रकार के पतंगों के लिए अलग-अलग ल्यूर उपयोग किये जाते हैं। ल्यूर थैली में बंद मिलता है। जिसे खोल कर ट्रैप के ढक्कन में बने स्थान पर लगाया जाता है। कपास, चना, अरहर, टमाटर, गोभी बन्दगोभी, मूंग, उड़द, भिण्डी तथा धान के लिए विभिन्न प्रकार के ल्यूर का प्रयोग करते हुए फेरोमोन ट्रैप लगाये जाते हैं।

□□□

9

गुणवत्तापरक उत्पादन एवं जैविक खेती

हमारे देश में कृषि जनित समस्याएँ, संसाधनों की कमी, लगातार श्रमिकों की कमी, बढ़ती लागत तथा साथ ही साथ उर्वरक व कीटनाशकों का पर्यावरण पर बढ़ते कुप्रभाव को रोकने में निःसन्देह जैविक खेती एक वरदान साबित हो सकती है। इसका सीधा सम्बन्ध जैविक खाद से है या यह कहें कि ये दोनों एक ही सिक्के के दो पहलू हैं। कृषि उत्पादन बढ़ाने हेतु मिट्टी की गुणवत्ता बनाये रखने और फसलों को बीमारी से बचाने पर बल देना होगा। जैविक खेती के माध्यम से देश में तीनों समस्याओं का प्रभावी ढंग से समाधान किया जा सकता है। इसलिए रासायनिक उर्वरकों के उपयोग को हतोत्साहित करते हुए जैविक खेती को प्रोत्साहन देना आज के समय की मांग है। यद्यपि हरित क्रान्ति ने देश को खाद्यान्न की दिशा में आत्मनिर्भर बनाया। लेकिन इसके दूसरे पहलू पर यदि गौर करें तो यह भी वास्तविकता है कि खेती में अंधाधुध उर्वरकों के उपयोग से जल स्तर में गिरावट के साथ मृदा की उर्वरता भी प्रभावित हुई है और एक समय बाद खाद्यान्न उत्पाद न केवल स्थिर हो गया बल्कि प्रदूषण में ही बढ़ोतरी भी हुई है और स्वास्थ्य के लिए गंभीर खतरा पैदा हुआ है। जिससे सोना उगलने वाली धरती मरुस्थल का रूप धारण करती नजर आ रही है। मिट्टी में पाये जाने वाले सूक्ष्म जीव ऐसे भी होते हैं जो खेती के लिए हानिकारक कीटों का खा जाते हैं। फलतः उत्पादन प्रभावित होता है। इसलिए आज आवश्यकता है कि पहली क्रान्ति के अनुभवों से सबक लेते हुए हमें दूसरी हरित क्रान्ति में रासायनिक उर्वरकों के इस्तेमाल में सावधानी बरतते हुए जैविक खेती पर ध्यान देना चाहिए। जैविक खेती में हम कम्पोस्ट खाद के अलावा नाडेप, कम्पोस्ट खाद, केंचुआ खाद, नीम खली एवं फसल अवशेषों को शामिल करते हैं। जैविक खाद के उपयोग से न केवल मृदा की उर्वरता बढ़ती है बल्कि उसमें नमी की वजह से काफी हद तक सूखे की समस्या से भी निजात मिलती

है। जैविक खाद के प्रयोग से भूजल धारण क्षमता बढ़ती है। इसके साथ ही जैविक कीटनाशक से मित्र कीट भी संरक्षित होते हैं। इस प्रकार बढते भूजल स्तर के लिए जैविक खेती एक वरदान साबित होता है।

भारत में खाद्य उत्पादन प्राप्त करने के लिए रासायनिक उर्वरकों का अनियंत्रित प्रयोग किया जा रहा है, जिससे मृदा स्वास्थ्य और मृदा में उपलब्ध लाभदायक जीवाणुओं की संख्या में भारी ह्रास हुआ है। इसके साथ ही इसके अन्य दुष्प्रभाव जैसे मृदा जल तथा पर्यावरण प्रदूषण आदि भी सामने आने प्रारम्भ हो गये हैं, मृदा को स्वस्थ बनाये रखने, वांछित उत्पादन प्राप्त करने के लिए, उत्पादन लागत कम करने हेतु व पर्यावरण और स्वास्थ्य के दृष्टिकोण से यह आवश्यक है कि रासायनिक उर्वरकों जैसे कीमती निवेश के प्रयोग को कम करके जैविक खादों के प्रयोग को बढ़ावा दिया जाना चाहिए।

मृदा उर्वरता और फसल उत्पादन में जैविक खादों का महत्व

जैविक खादों के प्रयोग से मृदा का जैविक स्तर बढ़ता है, जिससे लाभकारी जीवाणुओं की संख्या बढ़ जाती है और मृदा काफी उपजाऊ बनी रहती है। यह पौधों की वृद्धि के लिए आवश्यक पोषक तत्व प्रदान कराती है। यह रासायनिक खादों के मुकाबले सस्ते, टिकाऊ बनाने में आसान होती है। इनके प्रयोग से मृदा में ह्यूमस की बढ़ोतरी होती है व मृदा की भौतिक दशा में सुधार होता है। पौधों की वृद्धि के लिए आवश्यक तत्वों जैसे नाइट्रोजन, फास्फोरस और पोटाश तथा काफी मात्रा में गौण तत्वों की पूर्ति जैविक खादों के प्रयोग से हो जाती है। कीटों, बीमारियों तथा खरपतवारों का नियंत्रण काफी हद तक फसल चक्र, कीटों के प्राकृतिक शत्रुओं, प्रतिरोध किस्मों और जैव उत्पादों द्वारा ही कर लिया जाता है। जैविक खादें सड़ने पर कार्बनिक अम्ल देती हैं और भूमि के अघुलनशील तत्वों को घुलनशील अवस्था में परिवर्तित कर देती है, जिससे मृदा का पी.एच.मान 7 से कम हो जाता है। अतः इससे सूक्ष्म पोषक तत्वों की उपलब्धता बढ़ जाती है।

जैविक खेती में नीम का महत्व

नीम के पूर्ण विकसित पौधे से 30-100 किलोग्राम तक फल प्राप्त होता है। इन फलों से प्राप्त बीज से 20 प्रतिशत तेल एवं 80 प्रतिशत नीम खली प्राप्त होती है। नीम के तेल में 100 से अधिक जैव सक्रिय यौगिक पाये जाते हैं तथा इसके द्वारा प्राप्त यौगिकों से 200 से अधिक कीटों का नियंत्रण किया जा सकता है। नीम के तेल में पाया जाने वाला कड़वापन निम्बीडिन नामक रासायनिक संघटक के कारण होता है। नीम से निर्मित कीटनाशकों के प्रयोग से लक्षित कीटों में प्रतिरोधी क्षमता का विकास नहीं होता है।

जैविक व हरी खादों में औसत पोषक तत्व (प्रतिशत में)

जैविक खाद	नाइट्रोजन	पोषक तत्व (प्रतिशत)	
		फास्फोरस	पोटाश
फर्मयार्ड खाद	0.80	0.41	0.74
कम्पोस्ट खाद	1.24	1.92	1.07
वर्मी कम्पोस्ट	1.60	2.20	0.67
धान पुआल की खाद	1.59	1.34	1.37
गेहूँ भूसा की खाद	2.90	2.05	0.90
प्रेसमड	2.73	1.81	1.31
जलकुम्भी	2.0	1.0	2.30
मुर्गी खाद	2.87	2.93	2.35
सनई	0.43	0.12	0.5
ढैंचा	0.5	0.10	0.50
बिनौला	3.9	1.8	1.6
महुवा केक	2.5	0.8	1.8
नीम केक	5.2	1.0	1.4
मूँगफली की खली	7.4	1.5	1.3
साफ्लावर	7.9	2.2	1.9
तिल केक	6.2	2.0	2.2

नीम तेल कीटनाशक के रूप में

नीम के तेल का कीटनाशक के रूप में प्रयोग करने से कीटों के जीवन-चक्र में व्यवधान आता है। नीम तेल में पाये जाने वाले सक्रिय तत्व कीटों में कायान्तरण के लिए उत्तरदायी हार्मोन के स्राव को रोकता है जिससे कीड़ों की अगली अवस्था नहीं आ पाती। फलतः उनका जीवन चक्र रुक जाता है, परिणामस्वरूप कीड़ों की संख्या में वृद्धि नहीं हो पाती है। नीम तेल में पाये जाने वाले एजैडिरेक्टिन, सेलेमिन एवं मेलेन्ड्रीयोल के कारण कीटों के अमाशय में एण्टीपेरीस्टिलिसिस तरंगें उत्पन्न होती हैं। जिसके कारण कीटों में उल्टी (वमन) जैसी स्थिति का आभास होता है। अतः कीट पौधों को नहीं खाते। नीम के तेल का सबसे अधिक प्रभाव कुतरने, चबाने तथा चुभने वाले कीटों पर पड़ता है। परन्तु

यू.एस.ई.पी.ए. के अध्ययन के अनुसार नीम तेल या नीम उत्पादों का पौधा, जन्तुओं, स्तनधारियों एवं पक्षियों आदि पर प्रतिकूल प्रभाव नहीं डालता है।

कीटनाशक बनाने की विधि

5 ग्राम डिटरजेन्ट पाउडर को 1 लीटर पानी में अच्छी तरह घोल लें इस 1 लीटर घोल में 50 मिलालीटर नीम तेल मिलाकर अच्छी तरह मथकर घोल बना लें। तैयार घोल को 9 लीटर पानी में मिला दें। इस प्रकार 10 लीटर कीटनाशक तैयार हो जायेगा। जिसको 8 घण्टे के अन्दर सुबह या शाम पौधों के सम्पूर्ण भाग पर स्प्रे कर दें। जाड़े में 10 दिन एवं गर्मी तथा वर्षा के समय 5 दिन के अन्तराल पर पुनः छिड़काव करें।

नीम खली

नीम की खली में एजडिरेक्टीन 600 पी.पी.एम, नाइट्रोजन 2-5 प्रतिशत, फास्फोरस 0.5-0.1, प्रतिशत, पोटेशियम 1.6 प्रतिशत, कैल्शियम 0.99 प्रतिशत तथा मैग्नीशियम 0.75 प्रतिशत पाया जाता है। इस प्रकार इसके उपयोग से पौधों को उर्वरक तो प्राप्त होता ही है साथ ही साथ एजिडिरेक्टीन पाये जाने के कारण मृदा में निमेटोड, सफेद चींटी, विषाणु हानिकारक फफूँद आदि का भी नियंत्रण होता है। इसके प्रयोग से भूमि में नाइट्रोजन उपयोग की क्षमता भी बढ़ती है।

नीम की पत्ती का कीटनाशक के रूप में प्रयोग

नीम की पत्ती को भी कीटनाशक बनाने के लिए प्रयोग किया जा सकता है। इसे बनाने के लिए 10 किलोग्राम गो मूत्र को एक मिट्टी के बर्तन में लें तथा उसमें 2.5 किलोग्राम नीम की पत्ती डालें और इसे 15 दिनों तक सड़ने दे। 15 दिन बाद सूती कपड़े से छानकर पत्ती को अलग कर लें तथा प्राप्त घोल को 50 लीटर पानी में मिलाकर सुबह या शाम पौधों का छिड़काव सम्पूर्ण पौधे पर 10-10 दिन के अन्तराल पर करें।

नीम गिरी का सत

नीम गिरी का सत नीम के बीज से बनाया जाता है। इसे बनाने के लिए सुखाये गये बीजों से छिलकों को पृथक कर लें। अब बीज को पीसकर पाउडर बना लें। 40-50 ग्राम पाउडर को सूती कपड़े की पोटली में बांधकर 500 से 700 ग्राम पानी में रातभर के लिए रखें। दूसरे दिन सुबह पोटली को पानी में खूब हिलाकर उसके रस (सत) को पानी में मिल जाने दें। इस प्रकार प्राप्त सत को 1 लीटर पानी में मिलाये। अब इससे चिपकने वाले पाउडर जैसे इण्डोट्रान आदि को आधा चम्मच लेकर मिलाये। तैयार घोल का सुबह या शाम प्रभावित फसल पर छिड़काव करें।

कीटों के इल्ली व अन्य अवस्थाओं पर नियंत्रण, कीटों के प्रजनन, अण्डों के विकास एवं अवस्था से दूसरी अवस्था के विकास बाधक होते हैं। प्रकृति में पाये जाने वाले जीव-जन्तुओं जैसे चिड़ियों, वन्य जीवों, मित्रकीटों, मकड़ी, तितली लेडी बग, मधुमक्खी, ततैया, परागवाहकों आदि पर कोई प्रतिकूल प्रभाव नहीं पड़ता। नीम की पत्तियों एवं खली से शोधित मिट्टी में पाये जाने वाले केचुओं पर कोई भी कुप्रभाव नहीं पड़ता है।

□□□

10

जैविक खादें : रासायनिक खादों के विकल्प के रूप में

मिट्टी भी एक सजीव तत्व है। इसके एक ढेले में हजारों प्रकार के करोड़ों सूक्ष्म जीव निवास करते हैं। यही सूक्ष्म जीव हमारी खेती और मृदा के स्वास्थ्य के मूल आधार होते हैं। वर्तमान समय में खेती में हो रहे रासायनिक उर्वरकों के अनियोजित उपयोग से मृदा में पाये जाने वाले उपयोगी मित्र सूक्ष्म जीवाणुओं की लगातार कमी होती जा रही है, जिससे भूमि का स्वास्थ्य निरन्तर गिरता जा रहा है। मृदा की यह स्थिति पौधा-पोषक जैविक तत्वों के अभाव के चलन, मृदा के रासायनिक संघटकों में हो रही अव्यवस्था के कारण ही हो रही है। भारत जैसे प्राचीन कृषि प्रधान देश के विकास में हजारों वर्षों से उर्वरकों के रूप में जैविक खादों का प्रयोग करते रहे हैं।

प्राचीन भारतीय कृषि गो पालन पर आधारित रही है। भारतीय किसान हल चलाने के लिए बैल, दूध के लिए गाय-भैंस और बकरी पालता रहा है। पशुओं के गोबर और गोमूत्र से बनी खादों को खेतों में डालकर यहां जैव संरक्षणीय खेती भी होती रही है। आधुनिक परिवेश में बढ़ती आबादी का पेट भरने के लिए रासायनिक खादों और संकर बीजों के उपयोग से हमने अपना उत्पादन कई गुना बढ़ा लिया जिससे हमारा देश जो कभी अपनी बहुसंख्यक आबादी का पेट भरने के लिए पी.एल.480 जैसे विदेशी सहयोग पर निर्भर था आज अपनी पूरी आबादी को भोजन कराने के बाद विश्व के कई देशों को अन्न निर्यात करने लगा, लेकिन रासायनिक उर्वरकों का यह जादू अब खत्म होने लगा है। सन 1960 में हरित क्रांति के नाम से बढ़ रहा हमारा उत्पाद अब एक बिंदु पर ठहरता नजर आ रहा है, जबकि हमारी आबादी का बढ़ना उच्च गति से जारी है। दूसरी ओर विशेषज्ञों का मानना है कि अब हम रासायनिक खादों के उपयोग से

उत्पादन के अंतिम बिंदु पर पहुँच गये हैं। आज उर्वरकों एवं रासायनिक कीटनाशकों के असंतुलित उपायों के चलते खेती में निम्नलिखित समस्यायें आने लगी हैं।

1. फसलों के लिए पानी की मांग में निरन्तर वृद्धि हो रही है जिससे मृदा कठोर हो रही है। खेतों की जल धारण क्षमता में लगातार गिरावट आ रही है और जल में विषाक्तता बढ रही है।

2. कृषि उत्पादों में रसायनों की मात्रा में वृद्धि से उनमें विषाक्तता और गुणवत्ता विहीनता की स्थिति पैदा हो रही है। खनिज तत्व एवं विटामिन की प्रतिशतता घट रही है।

3. भूजल एवं सतही जल सहित सम्पूर्ण पर्यावरण प्रदूषित हो रहा है। कृषि उत्पादों की लागत कीमत बढ़ रही है एवं भूमि की उर्वरा शक्ति घट रही है।

यदि इस विषम स्थिति में हम समय रहते नहीं चेते और रासायनिक खादों और कीटनाशकों के प्रयोग को नियंत्रित नहीं किया तो संपूर्ण कृषि योग्य भूमि एक समय बांझ हो जाएगी और तब हम उसमें अन्न उत्पाद नहीं कर पायेंगे। यहाँ हमें यह जान लेना चाहिए कि हमारी प्राचीन सभ्यता के साथ दुनिया में कई अन्य प्राचीन सभ्यताओं के विनाश के कारणों में भी मृदा के स्वास्थ्य का बिगड़ना एक कारण था। स्थिति को गंभीरता से समझते हुए भारत सरकार ने दसवीं पंचवर्षीय योजना में कृषि के क्षेत्र में कम लागत और उच्च गुणवत्ता वाले उत्पादनों के प्राप्ति और दीर्घकालीन स्थाई खेती के लिए जैविक खेती के रूप में एकीकृत नाशी जीव प्रबन्धन केचुओं इत्यादि का प्रोत्साहन दिया इससे स्वच्छ तथा मृदा स्वास्थ्य को बनाये रखा जा सकता है। इसी प्रकार कृषि नीति स्वच्छ एवं मुक्त वातावरण से कृषि क्षेत्र गुणवत्तायुक्त सुधार की बात की गई है।

वर्तमान समय में किसान अधिक व्यय रासायनिक खादों पर ही कर रहे हैं। भारत रासायनिक उर्वरकों के मामले में पूरी तरह आत्मनिर्भर भी नहीं है। हम उर्वरकों के लिए कच्चे माल, तैयार उर्वरकों दोनों का ही आयात करते हैं और इन दोनों में ही भारी बहुमूल्य विदेशी मुद्रा खर्च करनी पड़ती है रासायनिक उर्वरक के साथ ही देश में कीटनाशकों का उपयोग लगातार बढ़ता ही जा रहा है। हमारी सरकार रासायनिक खादों के हानिप्रद प्रभावों को जानते हुए भी वर्तमान बढ़ती जनसंख्या के भोजन के लिए उसके प्रयोग को बढ़ावा दे रही है। सरकार प्रति वर्ष कृषकों को रासायनिक खादों पर 15 से 20 हजार रुपये की छूट के रूप में सहायता देती है। प्रति वर्ष प्रति हैक्टेयर रासायनिक खादों का उपयोग बढ़ाने का लक्ष्य भी निर्धारित किया जा सकता है। देश की बढ़ती आबादी के लिए पर्याप्त अन्न का उत्पादन बिना रासायनिक खादों के नहीं हो सकता। आज आवश्यकता इस बात की है कि हम अपने

सरकारी विशेषज्ञों की इस नकारात्मक सोच को बदलें। हमें रासायनिक खादों के विकल्पों के निर्माण के अलावा उपलब्ध साधनों का प्रचार-प्रसार करना होगा।

रासायनिक खादों के विकल्प

हमारे कृषि वैज्ञानिकों ने रासायनिक खादों के अनेक विकल्प प्रस्तुत किये हैं, जिनके उपयोग से मिट्टी में पाये जाने वाले सूक्ष्म जीवों का पोषण और संरक्षण तो होता ही है, साथ ही हमारा पर्यावरण भी सुरक्षित रहता है। इन जैविक खादों से प्राप्त परिणामों से भी यह सिद्ध हो चुका है कि इस प्रकार के गैर-रासायनिक जैविक खादों के बाजार से उत्पादन लिया जा सकता है।

रासायनिक उर्वरकों का विकल्प

मानव ने कृषि का प्रारम्भ भारत में किया था, जो उत्तरोत्तर विकसित होने के साथ ही विश्व के अन्य भागों में प्रचलित हुए। यहां पारम्परिक रूप से जैविक खेती होती रही है, लेकिन अधिक अन्न उपजाने के लालच में हमने कृषि की अपनी प्राचीन मौलिक परम्परा छोड़कर रासायनिक खेती को अपनाया जिसके दुष्परिणाम आज विश्व झेल रहा है। रासायनिक खादों के विकल्प स्वरूप जैविक खादें, नेपेड कम्पोस्ट खादें, सूक्ष्म जैविक खादें, बॉयो डायनेमिक खादें, एजोला एवं नील हरित शैवाल, केंचुए की खाद, आधुनिक खादें तथा तरल जैविक खादें प्रमुख हैं।

नेपेड कम्पोस्ट खादें

यह खाद प्राप्त करने की आधुनिक तकनीक है। इस पद्धति द्वारा एक गाय से पूरे वर्ष मिलने वाले गोबर से 80 से 10 टन (कम से कम 150 गाड़ी) जैविक खाद तैयार हो जाती है, जिसकी कीमत 40,000 रुपये के आस-पास आती है। इन खाद में नाइट्रोजन 0.5 से 1.4 प्रतिशत तक पाया जाता है। एक किलोग्राम गोबर से 30 से 40 किलोग्राम तक उत्तम जीवाणु युक्त नेपेड कम्पोस्ट प्राप्त होती है। नेपेड कम्पोस्ट में शत प्रतिशत गोबर से बनी परम्परागत जैविक खाद की तुलना में तीन से चार गुना अधिक उर्वरा शक्ति भी होती है।

आधुनिक हरी खादें-नील हरित शैवाल और एजोला

भारतीय किसान अपने पूर्वजों से प्राप्त परम्परागत खेती में हरी खाद के रूप में सनई, ढैंचा आदि फसलों को उगाने के बाद उसे खेत में जोत कर भूमि में मिलाकर सड़ा देता है जिससे खेत की उर्वरा शक्ति में पर्याप्त वृद्धि होती है। आधुनिक युग में वैज्ञानिकों ने इस विधा को थोड़ा बढ़ाकर पानी में पैदा होने वाले नीलहरित शैवाल एवं एजोला जैसी वनस्पति का हरी खाद के रूप में उपयोग कर मृदा व उत्पादकता और फसलों का पोषक

तत्वों व आपूर्ति का जैविक माध्यम खोज निकाला है। इस सुदीर्घ परम्परा से मृदा स्वास्थ्य उत्तम बना रहता है।

चित्र : हरी खादें

केचुएँ की खाद

भारत में अपशिष्टों के उपयोग से कम्पोस्ट खादों व निर्माण की सुदीर्घ परम्परा रही है। खेती से प्राप्त पुआल पेड़ों व पत्तों एवं खेती से प्राप्त अन्य अपशिष्टों पर आधारित केंचुँआ खाद निर्माण की प्रवधि का विकास किया गया है। इस जैविक खाद निर्माण प्रक्रिया से केचुओं द्वारा कृषि अपशिष्ट और सड़नशील जैविक पदार्थों का भक्षण बिष्टा के रूप में उच्चस्तरीय पादपीय पोषक तत्वों से युक्त जैविक खाद उपलब्ध करायी जाती है। केंचुआ खाद में नत्रजन नाइट्रोजन 1.3 प्रतिशत, फास्फेट 0.50 प्रतिशत, कार्बन नत्रजन 19 प्रतिशत और साइट्रेक विलयक फासेट 0.005 प्रतिशत तत्व पाये जाते हैं। यह खाद रासायनिक खादों का उत्तम विकल्प है। एक ओर जहां इसके निर्माण में कृषि अपशिष्टों का प्रयोग होता है वहीं दूसरी ओर ग्रामीणों को रोजगार और स्वनिर्मित हानिरहित जैविक उर्वरक की प्राप्ति होती है।

सूक्ष्म जैविक खादें

सूक्ष्म जैविक खादें वस्तुतः सूक्ष्म जीवों के समूहों से निर्मित हुई हैं। ये सूक्ष्म जीव वायुमण्डल में उपस्थित नाइट्रोजन को भूमि में पौधों के पोषक तत्व के रूप में प्रतिस्थापित कर देती है। नाइट्रोजन स्थरीकरण के अलावा ये सूक्ष्म जीव विभिन्न हारमोन्स, सूक्ष्म तत्व एवं विटामिनों को भी मुक्त करते हैं जिससे पौधों में अधिकाधिक वृद्धि होती है।

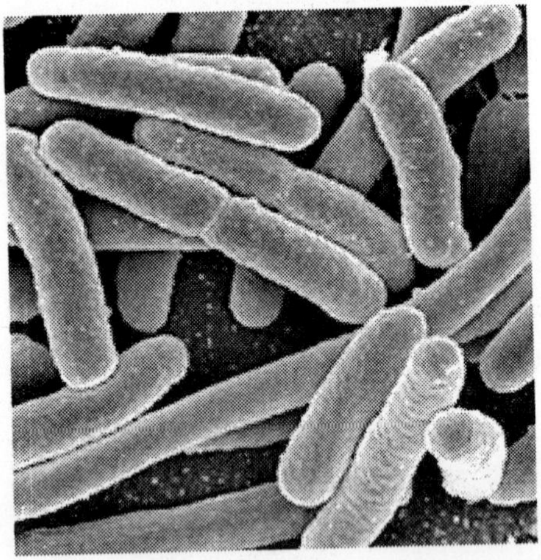

चित्र : एजोस्पिरिलम जीवाणु

सहजीवी नाइट्रोजन स्थिर करने वाली सूक्ष्म जैविक खादें- राइजोबियम, एजोस्पीरिलम आदि। स्वतंत्र नत्रजन नाइट्रोजन स्थिर करने वाली सूक्ष्म जैविक खादें एजेटोबैक्टर आदि, फास्फोरस घोलक सूक्ष्म जैविक खादें या माइकोराइजा, जैविक खादों के सूक्ष्म जीव मृदाजनित व्याधियों को भी रोकते हैं। जैविक खादें फसल का उत्पादन 10 से 20 प्रतिशत बढ़ा देती है। सूक्ष्म जैविक खादों के उपयोग से मृदा में स्थित मित्र जीवों की संख्या में वृद्धि होती है। फसलों के उत्पादन में सूक्ष्म जैविक खादों के उपयोग से रासायनिक खादों की तुलना में कम खर्च आता है। अलग-अलग फसलों के लिए अलग-अलग सूक्ष्म जैविकी खादों का उपयोग कर अच्छा उत्पादन प्राप्त किया जा सकता है।

□□□

11

विषाक्त खाद्य पदार्थ और जैविक खेती

मानव समाज ने जब से सभ्यता तथा संस्कृति की विकास यात्रा प्रारम्भ की तभी से खाद्य पदार्थों की आपूर्ति तथा उपलब्धता की प्रकृति भी समयानुसार बदलती रही। विज्ञान तथा कृषि प्रौद्योगिकी ने कृषि उत्पादन के क्षेत्र में अभूतपूर्व वृद्धि की है। परन्तु स्वास्थ्य क्षेत्र में हुई व्यापक प्रगति के बावजूद जन-सामान्य के स्वास्थ्य स्तर पर गंभीर प्रतिकूल प्रभाव भी पड़ा। अंधाधुंध प्रौद्योगिकी के विकास ने हमारी सामान्य जीवन शैली को इतना आधुनिक बना दिया हैं जिससे कि हमारा सामान्य स्वास्थ्य का स्तर सुधरने के बजाए और भी गिरता जा रहा है। इसका मूल कारण यह है कि आधुनिक मानव विज्ञान तथा तकनीकी विकास पर इतना निर्भर हो गया कि प्राकृतिक जीवन शैली अपनाने के आदर्श को मानो भूल ही गया जैसे कि हरित क्रांति, जिसका मुख्य आधार है-उन्नत तथा संकर बीज, कीटनाशक रसायन, सिंचाई की नई तकनीक तथा आधुनिकतम कृषि प्रबंधन इत्यादि। परन्तु अब इसके प्रतिकूल प्रभावों के लक्षण भी सामने आ रहे हैं। इस संदर्भ में विश्व खाद्य संगठन तथा विश्व स्वास्थ्य संगठन के एक आकलन के अनुसार भारत सहित अधिकतर विकासशील देशों के 90 प्रतिशत जन-साधारण प्रतिदिन विषाक्त खाद्य पदार्थों का सेवन करने के लिए मजबूर हैं। इस तरह के विषाक्त खाद्य पदार्थों, जैसे- अन्न, दाल, दूध, फ़ल तथा सब्जियों का आहार लने से सिरदर्द, उच्च रक्तचाप, जी घबराना, सफेद दाग़, पाचन तंत्र की खराबी, अम्ल, पथरी, प्रजनन क्षमता में कमी तथा कैंसर जैसे प्राणघातक रोगों के होने की आशंका बनी रहती है।

कृषि सम्बन्धित विभिन्न क्रियाओं के दौरान ही खाद्य पदार्थों में विषाक्त तत्वों का प्रवेश होता है। अतः कृषि विज्ञान के अनुसार विषैले खाद्य पदार्थों को दो भागों में बाँटा जा सकता

है। पहला है सम्पर्क विष (कन्टेक्ट पॉइजन) जो पौधों पर छिड़काव के दौरान कीटों तथा किसानों को प्रभावित करता है। दूसरा है व्यवस्थित विष (सिस्टेमेटिक पॉइजन), जिसके छिड़काव से पौधा विषाक्त बन जाता है और बाद में कीट उस पौधों के सम्पर्क में आने से पहले ही मर जाता है। साधारण तौर पर पेड़-पौधों को कीड़ों, चैंपा (एफिड), रोली, दीमक, कातरा, सफेदी एवं फंफूद आदि से बचाने के लिए किसान कई प्रकार के विषाक्त कीटनाशकों का छिड़काव करते हैं। दूसरी ओर पैदावर में वृद्धि करने के लिए पोटाश, यूरिया तथा सल्फेट आदि रासायनिक उर्वरकों का भी अंधाधुंध उपयोग किया जाता है। इस प्रकार के रासायनिक उर्वरकों के उपयोग से कृषि उत्पादन में वृद्धि तो होती ही है, परन्तु दूसरी ओर इसका दुष्प्रभाव मानव स्वास्थ्य पर पड़ता है। स्पष्ट है कि जिस रसायनों से कीट-पतंगों की मृत्यु होती है उसका विपरीत प्रभाव मानव के स्वास्थ्य पर भी पड़ेगा अर्थात् इन कीटनाशकों का भी दुष्प्रभाव मानव की कोशिकाओं पर पड़ता है, जैसे- मोनोक्रोटोफ़ास, डाइपोक्रोन और एफोल्क्स जैसे कीटनाशक रसायनों का अत्यधिक उपयोग करने से मानव के सामान्य स्वास्थ्य पर घातक दुष्प्रभाव पड़ता है। फसल काटने के बाद भी भंडारण के लिए रासायनिक कीटनाशकों (जैसे एल्मूनियम फास्फाइड) का भरपूर उपयोग किया जाता है। अनाज को सुरक्षित रखने के लिए विषैले रसायनों का धुंआ उपयोग में लाना ज्यादा प्रभावी रहता है परंतु यह तरीका हितकारी होने के बावजूद भी किसान इसे अपनाते नहीं हैं बल्कि अनाज की बोरियों में ही कीटनाशक गोलियां तथा घोल मिला दिया जाता है। यदि बिना धोए इस प्रकार के अनाज को पिस लिया जाए तो सेवनकर्त्ता को सिर-दर्द, उल्टी, चक्कर, पेट की गड़बड़ी आदि की शिकायत हो जाती है। बाजार में बिकने वाली फूलगोभी, दरअसल प्राकृतिक रूप से सफेद नहीं होती। नैसर्गिक रूप से मिलने वाली फूल गोभी का रंग पीला सा होता है जिन्हें ग्राहक पसंद नहीं करते है। बल्कि इस गोभी को सफेद करने के लिए किसान एक विशेष प्रकार के रासायनिकों के घोल में डुबोते हैं जिससे गोभी सफेद नजर आती है।

आलू, अरबी तथा अदरक आदि की फसलें कई माह तक सुरक्षित या संरक्षित रखने के लिए विकिरण पद्धति का प्रयोग भी किया जाता है। दरअसल इन विकिरणों की सहायता से उन तत्वों तथा जीवाणुओं को नष्ट किया जाता है, जो इन फसलों तथा सब्जियों को सड़ाते-गलाते हैं। यह तो सही है कि इस विधि से आलू, प्याज आदि लम्बी अवधि तक खराब नहीं होते परन्तु इन विषाक्त रसायनों का उपयोग केवल कीटों का नाश करने तक ही सीमित नहीं है बल्कि फलों को पकाने के लिए भी इनका भरपूर उपयोग किया जाता है। जैसे साधारण तौर पर केला, पपीता, आम, चीकू, सेब, अनार, अनन्नास तथा आलू बुखारा आदि फलों को पेड़ से कच्चा ही तोड़ लिया जाता है तथा इच्छित गन्तव्य तक पहुँचाकर फिर 'कार्बाइड' द्वारा पकाया जाता है। दरअसल फलों को नरम तथा रसीला बनाने

के लिए 'एसिटिलीन गैस की महत्वपूर्ण भूमिका रहती है जो काफी विषाक्त प्रभाव वाली गैस होती है।

इस प्रकार अचार, चटनी तथा अन्य खाद्य पदार्थों को लम्बी अवधि तक सुरक्षित रखने के लिए रासायनिक तत्वों का प्रयोग किया जाता है जिसकी निर्धारित मात्रा थोड़ी सी भी अधिक होने से सेवनकर्त्ता के रोगग्रस्त होने की सम्भावना बढ़ जाती है। 'चाकलेट' में भी निकल धातु, फिनाइल, इथाइल एमीन, पायोक्रोमीन, जानथीम इत्यादि घातक पदार्थ पाए जाते हैं। मानव के तंत्रिका-तंत्र पर इन रसायनों का प्रतिकूल प्रभाव पड़ता है। यहां तक कि इन चॉकलेटों में जीवाणु भी मिल सकते हैं। नियमित रूप से चॉकलेट का सेवन करने से कैंसर, मधुमेह, उच्च रक्तचाप, दमा, लीवर की खराबी जैसे प्राणघातक रोग होने की संभावना बनी रहती है।

वर्तमान में 'फास्ट फूड्स' के प्रयोग का प्रचलन ज्यादा हुआ है। विशेष तौर पर 'चाइनीज फास्ट फूड' का प्रचलन तो बहुत अधिक है। किन्तु सभी तरह से चीनी खाद्य पदार्थों में अजीनो मोटो या सोडियम मोनो ग्लूटामेट नामक रसायन डाला जाता है। इस कारण उपभोक्ता इस तरह के रसायन का सेवन अधिक मात्रा में करते हैं। जिस कारण उल्टी, चक्कर, सिरदर्द, पेट खराबी, माइग्रेन आदि की शिकायत होने की सम्भावना हो जाती है।

साधारणतः छोटे बच्चों को शरबत, मिल्करोज, आइसक्रीम बर्फ, लच्छे, खट्टे-मीठे दूसरे पेय पदार्थों के चटकीले रंग बहुत भाते हैं। बच्चों की इस कमजोरी का लाभ उठाते हुए सस्ते एवं घातक रंग तथा सुगंध रसायन आदि बच्चों के खाद्य पदार्थों मे मिलाये जाते हैं। जबकि इस समस्या का निवारण करने की पहल भी की गई है। पदार्थ निवारण अधिनियम, 1954 के अन्तर्गत कृत्रिम रंगों का उपयोग अवैध घोषित हो चुका है परन्तु ग्राहकों की रुचि को दृष्टिगत रखते हुए तथा उन्हें आकर्षित करने के लिए खाद्य पदार्थों की बिक्री धड़ल्ले से जारी है। भारत में खाद्य पदार्थों में प्रयोग किये जाने वाले रंगों की स्वीकृत 110 पी.पी.एम. प्रति दस लाख में एक तय की गई है जबकि हलवाइयों, व्यापारियों द्वारा इस निर्धारित मात्रा से पाँच-दस गुणा अधिक रंगों का प्रयोग किया जाता है। खाद्य पदार्थों में मिलाने योग्य स्वीकृत रंगों में ऐसे आठ रंगों को सम्मिलित किया गया जो मानक स्तर के होने के साथ-साथ स्वास्थ्य रहित भी अवश्य हों। परन्तु ऐसे रंग महंगे होते हैं तथा ज्यादा चटकीले नहीं होते हैं। अतः लागत कम करने के लिए भी लड्डू में मोहनिल येलो, 'लैड क्रोमेट तथा, ओरामाइन, सूडान 3-4 तथा मैचालाइट ग्रीन आदि रासायनिक रंग का प्रयोग तेजी से किया जाता है। मैंगो येलो से कैंसर सूडानी रंगों से गुर्दे तथा यकृत के असाध्य रोगों के होने की संभावना सदैव बनी रहती है।

पूरे देश में तथा प्रदेश स्तर पर भी विभिन्न मंत्रालय इस क्षेत्र में कार्यरत तो हैं परन्तु इस तरह की नियंत्रण व्यवस्था के बावजूद खाद्य पदार्थों में मिलावट, नकली खाद्य सामग्री

तथा विषाक्त या मिलावटी खाद्य पदार्थों पर नियंत्रण करने वाले विभाग तथा अभिकरण ही सक्रिय भूमिका निभाते हैं। जब कोई एकाएक अनहोनी हो जाती है या ऐसी शिकायत सामने लायी जाती है। अतः विभागीय तौर पर पहल न होने के कारण देश में खाद्य अपमिश्रण की घटनायें सामान्य बात हो गयी है। इस बीच शीतल पेय में कीटनाशक रासायनिक अवशेषों की उपस्थिति ने भी राष्ट्रीय स्तर पर एक नया विवादास्पद विषय उठाया है। परन्तु शीतल पेय से भी अधिक गंभीर मुद्दा तो सामान्य खाद्य पदार्थों तथा पेय जल में मिलावट तथा उसके विषाक्त प्रभाव को समझा जा रहा है। स्पष्ट है कि सामान्य खाद्य सामग्रियों तथा पेय जल का उपयोग सभी लोग करते हैं, अतः उनमें विषाक्त तत्व पाया जाना तो सम्पूर्ण देश के जन स्वास्थ्य के लिए चिंताजनक बात है।

इस विषय पर काफी शोधपरक अध्ययन हो चुके हैं जिसके अन्तर्गत यह तथ्य प्रकाश में आया है कि कीटनाशकों के द्वारा प्रदूषण की स्थिति अत्यन्त भयावह है। अब तो मूल प्रश्न यह नहीं रह गया कि किस खाद्य या पेय पदार्थ में कितनी मात्रा में विषाक्त है बल्कि इस तरह की विषाक्त के प्रभावों से बचने का स्थायी उपाय क्या है? समस्या का स्थायी समाधान करने की दिशा में ठोस तथा कारगर पहल करने की चेष्टा अवश्य की जानी चाहिए। स्वाभाविक रूप से इस समस्या का प्राथमिक तौर पर यही समाधान है कि कृषि क्षेत्र में रासायनिक कीटनाशकों का उपयोग न्यूनतम स्तर पर हो। वैसे यह भी वास्तविक तथ्य है कि किसी फसल पर छिड़की गई कीटनाशक दवा की थोड़ी सी मात्रा ही कीटों पर प्रभाव डालने में सक्षम हो पाती है। शेष अधिकांश मात्रा हमारी वायुमण्डल पर प्रभाव डालती है तथा उसका परिणाम व्यापक तौर पर विनाशकारी होता है। इतना ही नहीं, कई कीटनाशक दवाएं तो मिट्टी में ही टिकी रहती हैं और दीर्घकालीन दुष्प्रभाव डालती हैं। बाद में यही रासायनिक पदार्थ जल स्रोतों तक पहुँच जाते हैं और उनके दुष्प्रभावों से जल संसाधनों को मुक्त करवाना आसान नहीं होता है।

इस तरह के रासायनिक कीटनाशकों में मानव तथा अन्य प्राणियों के शरीर में जमा होने की एक विशेष प्रवृत्ति भी होती है। जिसके परिणामस्वरूप कई प्रकार की दीर्घकालीन स्वास्थ्य समस्याएँ उत्पन्न होती हैं। अतः यह अनिवार्य आवश्यकता बन चुकी है कि सामान्य स्वास्थ्य की रक्षा के लिए न केवल इन कीटनाशकों के उपयोग को न्यूनतम कर दिया जाए बल्कि इसी कसौटी पर इन पर पूर्णरूप से रोक लगाने की कानूनी प्रक्रिया प्रारंभ करने की दिशा में भी सकारात्मक कदम उठाए जाएं। परंतु इस तरह की पहल करने के अभाव में कीटनाशकों के उपयोग में कमी लाने के बजाए बढ़ावा ही मिला है। इसका एक तकनीकी पक्ष यह भी रहा है कि हमने जिस कृषि तकनीक को अपनाया है उसके अंतर्गत इन रासायनिक कीटनाशकों के उपयोग को ही बल सर्वाधिक मिलता रहा है। इस तरह से स्पष्ट है कि कृषि पद्धति में मूलभूत परिवर्तन करना आवश्यक है वरना कीटनाशकों के उपयोग को कम करना या उस पर रोक लगाना संभव नहीं है। इसके अलावा यदि ऐसे बीज बोए

जा रहे हैं जिनके अंतर्गत एक विशेष प्रकार के कीड़ों के अत्यधिक प्रकोप होने की आशंका रहती है तो स्वाभाविक तौर पर उन कीड़ों को मारने वाले विशेष प्रकार के कीटनाशकों की भी व्यवस्था करनी पड़ेगी। जब इन बीजों को कृषि के विशाल क्षेत्रफल में बोया गया हो तो इस तरह की परिस्थिति अवश्य उत्पन्न होगी। अतः संपूर्ण रूप से रासायनिक कीटनाशकों के उपयोग को बंद करने में तभी सफलता मिल सकती है जब इस तरह प्रचलित कृषि तकनीकी में समग्र सुधार किया जाएगा। निरंतर जनसंख्या वृद्धि के दबाव के कारण उनकी उदर पूर्ति की समस्या स्वभाविक रूप से उठ रही है, जिसके लिए अधिक खाद्यान्न उत्पन्न करने के लिए कीटनाशकों की सहायता लेनी पड़ती है जिसके परिणामस्वरूप कीटनाशक दवाओं, खरपतवार नाशकों, रासायनिक कीटनाशकों आदि के उपयोग करने की मजबूरी सामने आती है। इस तरह से एक ओर तो जन स्वास्थ्य के लिए संकट उत्पन्न हो रहा है। वहीं दूसरी ओर विशाल जनसाधारण की खाद्यान्न अपूर्ति के लिए इस तरह के हानिकारक रासायनिकों के उपयोग पर निर्भरता भी बढ़ती जा रही है।

एक सर्वेक्षण के दौरान जैव खेती के पक्ष में अपनी आवाज उठाने वालों की बात और भी प्रबल होकर सामने उभरकर आयी। रासायनिक खेती पर निर्भर हुए बिना, जैव खेतों की सहायता से बेहतर फसल प्राप्त करने में सफलता प्राप्त की जा सकती है, इस तथ्य को सिद्ध करने के लिए कई महत्वपूर्ण उपयोगों की जानकारी भी मिली। इन उपयोगों के अंतर्गत प्रारंभ से ही जैव खेती के माध्यम से यथायोग्य उत्पादन प्राप्त करने की चेष्टा की गई जिसमें पर्याप्त सफलता भी मिली। कृषि वैज्ञानिकों ने कृषि प्रयासों का विस्तृत अध्ययन किया जिसके अनुसार यह तथ्य भी उजागर हुआ है कि इस वर्ष एक लाख से भी अधिक किसान परिवारों ने रासायनिक उर्वरकों तथा कीटनाशकों की सहायता के बिना ही खाद्य उत्पादन तथा खाद्य सुरक्षा को बेहतर करने में सफलता प्राप्त की है। यह भी विशेष रूप से ध्यान देने योग्य बात है कि ऐसे प्रयासों से न केवल पर्यावरणीय सुरक्षा सुनिश्चित हो सकती है बल्कि बेहतर खाद्यान्न उत्पादन के मुख्य उद्देश्य की कसौटी पर भी हम सफलता प्राप्त कर सकते हैं।

ऐसा प्रायः देखा गया है कि कृत्रिम रसायनों का अत्यधिक उपयोग करने से जिस मिट्टी का प्राकृतिक उपजाऊपन कम हो चुका है उसमें यदि गोबर तथा कम्पोस्ट का उपयोग किया जाए तो उसकी उर्वरकता अवश्य वापस आ सकती है। हालांकि यह भी सच है कि किसान अपनी कम उपजाऊ खेती की भूमि को इस प्रक्रिया से एक साथ उपजाऊ तो नहीं बना सकते, परन्तु एक निश्चित क्रम में यदि ऐसी प्रक्रिया अपनायी जाती है, तो मात्र चार-पाँच वर्ष की अवधि में ही उपजाऊ बन सकती है।

यद्यपि जैविक खेती के क्षेत्र में भी आधुनिक विज्ञान की आवश्यकता अवश्य पड़ती है। इस तरह के विज्ञान की विशेष भूमिका इस लिए अत्यावश्यक समझी जा रही है क्योंकि विभिन्न प्रक्रियाओं को सही ढंग से समझने के लिए तथा उसी के अनुसार कार्य करके

अधिकतम लाभ प्राप्त करने के लिए आधुनिक विज्ञान की सहायता अवश्य ली जानी चाहिए। इस तरह की वैज्ञानिक सहायता के माध्यम से हर परंपरागत ज्ञान का अनुकूल लाभ प्राप्त करने में सफलता प्राप्त कर सकते हैं। यह न केवल आवश्यक है बल्कि अनिवार्य भी क्योंकि जैविक खेती की पारम्परिक समझ चार हजार वर्ष या उससे भी पुरानी है जिसकी विज्ञान सम्मत व्याख्या करके, उसके अनुरूप अपनाने का निर्णय किया जाता है। भूमि की उर्वरकता को प्राकृतिक बनाये रखने के लिए जैव खेती के अनुसार स्थानीय संसाधनों (जैसे गोबर, पत्तियों, कम्पोस्ट आदि) का उपयोग किया जाता है। भारतीय कृषि परंपरा में व्यापक विविधता वाली फसलों की किस्में आसानी से उपलब्ध हो जाती हैं। वर्तमान युग की यही मांग है कि अंतराष्ट्रीय स्तर पर जैव विविधता बनायी रखी जाए। अतः कृषि कार्य के दौरान एक दूसरे से मेल रखने वाली और स्थानीय जलवायु के अनुकूल विधिवत प्रकार की फसलें लगानी चाहिए। साथ ही उन फसलों की कई तरह की किस्में अवश्य उगानी चाहिए इससे जैव विविधता की समृद्धि बनी रहती है।

स्पष्ट है कि स्थानीय वनस्पतियों जैसे नीम की सहायता से उपचार किया जा सकता है। इसके अलावा विषाक्त रसायनों का न्यूनतम उपयोग सुनिश्चित कार्यों से उन खेतों में ऐसे पक्षियों और जीवों की उपस्थिति होगी जो कीड़ों का नाश करने में सक्षम है। इससे हानिकारक कीड़ों पर प्राकृतिक नियंत्रण प्राप्त करने में भी महत्वपूर्ण सफलता मिल सकती है। खाद्य पदार्थों की विषाक्तता जैसी समस्या पर वाकई नियंत्रण प्राप्त करने की दिशा में सफलता पानी है तो प्राकृतिक जैव खेती को ही अपनाना पड़ेगा जिससे न केवल पर्यावरणीय सुधार की उपलब्धता मिलेगी बल्कि खाद्यान्न की मांग भी संभव होगी तथा किसानों पर भी बोझ कम होगा और वे आर्थिक रूप से सम्पन्न होंगे।

□□□

12

कीटरोधक वनस्पतियाँ : जैविक खेती के सन्दर्भ में

नीम

मेलिएसी कुल के इस वृक्ष को वनस्पति विज्ञान की भाषा में **एजेडिरेक्टा इंडिका** कहते हैं। संश्लेषित कार्बनिक कीटनाशक रसायनों के प्रयोग के पूर्व इसके कीटनाशक गुणों के कारण ही इसका प्रयोग होता आ रहा है। पचास के दशकों में विकसित डी.डी.टी. तथा अन्य संश्लेषित विशाल कार्यक्षेत्र वाले कीटनाशकों के प्रभाव, कार्य क्षमता, आसानी से व सस्ते दामों में उपलब्ध होने के कारण वनस्पतिक पेस्टीसाइड्स का उपयोग धीरे-धीरे कम होता चला गया। इन कार्बनिक रसायनों पर पूरी तरह निर्भर रहने की कार्य योजना के कारण अनेकों वातावरणीय एवं प्रतिरोधक की समस्या पैदा हो गयी जिससे कीटों का आक्रमण और बढ़ गया। यह पौधों के लिए सुरक्षित और मनुष्य के लिए कम विषैले होते हैं। इस पौधे में सामान्य तौर पर उपस्थित शर्कराओं एवं अमीनोएसिड्स के अतिरिक्त अनेक प्रकार के रासायनिक घटक जैसे टरपीनाइडस, फिलाइलोप्रोपनाइड्स तथा प्लेवानोइट्स आदि पाये जाते हैं।

नीम का पौधा भारत एवं वर्मा में 'भारतीय लिलैक' नाम से जाना जाता है। यह पूरा पौधा वर्ष भर हरा-भरा रहने वाला, तेजी से बढ़ने वाला, लगभग 25 मीटर ऊँचा तथा 2.5 मीटर चौड़ा होता है। इसकी पत्तियाँ मध्यम आकार की होती हैं। इसके फल 1.5 से 1.9 सेमी. जो शुरू में हरे रंग के होते है। पकने के बाद पीले हो जाते हैं। बीज मजबूत, भूरे रंग का कभी-कभी सफेद भी हो जाता है। औसतन पेड़ से 50 से 100 किग्रा. बीज वर्ष में प्राप्त होता है। 50 किग्रा. फल से लगभग 30 किग्रा. नीम खली की प्राप्ति होती है। नीम खली, खेती में अच्छी प्रकार का खाद बन जाता है। इनके पौधों को सामान्यतया बीज से उगाया जाता है लेकिन कहीं-कहीं इसकी कटिंग भी लगाई जाती है।

नीम सदियों से लोकप्रिय है क्योंकि इसके गुणों की पहचान पौराणिक काल से जन-जन में व्याप्त है। यह तेजी से बढ़ने वाला पेड़ है सूखे तथा अनुपजाऊ मिट्टी में भी स्वस्थ रहता है। इस पेड़ की पत्तियों तथा बीजों में कीटनाशक गुण होते हैं। जो नाना प्रकार के कीटों को प्रभावी ढंग से नष्ट करते हैं। नीम से कीटनाशक औषधियां, मच्छर मारने के लिए रीपलेन्ट्स, उर्वरक, डायवेटिक फूड, पशुओं का चारा, साबुन उद्योग, कागज उद्योग, ल्युब्रिकेन्टस, टूथब्रश, टूथपेस्ट तथा कास्मेटिक पाउडर बनाये जाते हैं।

नीम में सक्रिय तत्व तथा लगभग 17 प्रकार के समावयी पाये जाते हैं जिन्हें नीमोनाइट्स कहा जाता है। आधुनिक रासायनिक कीटनाशक क्लोरिन एवं फास्फोरस, इत्यादि विषैले पदार्थों से बने होते हैं। प्रतिरोधक क्षमता के विकास हेतु 8-10 नीम की पत्ती खाने पर मधुमेह तथा उच्च रक्त चाप से छुटकारा मिलता है। यह दंत मंजन में प्रयोग किया जाता है। बालों के स्वास्थ्य हेतु नीम की पत्ती उबालकर उसके पानी से बालों को धोने से बाल काले रहते हैं। जू एवं रूसी खत्म होती है। पीलिया रोग में 3-6 चम्मच नीम की पत्ती का रस तथा उसकी आधी मात्रा में शहद मिलाकर सेवन करने से लाभ मिलता है। मुँह एवं जीभ में छाले हेतु 10-15 नीम की सूखी पत्तियों को 5 ग्राम पिपली के साथ शहद में मिलाकर जीभ एवं मुँह में लेप लगाने पर लाभ मिलता है।

नीम का वृक्ष वातावरण को शुद्ध रखता है एवं अपने आस-पास के प्रदूषण को कम करता है। फसल सुरक्षा की दृष्टि से कीटों में वृद्धि नियंत्रकों को नियंत्रित करने के लिए, जैसे खाद्य अवरोधक के रूप में एवं अण्ड अवरोधक के रूप में कार्य करता है। एफिड्स, ब्राउन राईस, प्लांट होपर, कटवर्म, कोलोराडो, बीटल, मेक्सिकन बीज बीटल, डेर्जर, कैबेज वर्म, ग्रीन राईस लीफ होपर, व्हाईट फ्लाई, मेडिटेरेनियन, फ्रूटफ्लाई, डायमंड बैकमोथ तथा अन्य कीटों पर इसके विशेष प्रभाव पड़ते हैं। नीम का सत् कीटों के अंडे तथा लार्वा को बढ़ने नहीं देता, कीटों के विकास को भी रोकता हैं। यह प्रभावी कीटरोधक है, इसलिए कई अन्य रोगकारक जीवाणुओं को भी नष्ट करता है। इन्हीं सब गुणों के कारण नीम बहुत से कीटों पर अंकुश लगाता है।

नीम का सत् बनाने के लिए बीजों की गिरी, तेल, खली तथा पत्तियों का प्रयोग किया जाता है। नीम सत् बनाने के लिए नीम के पके फलों को इकट्ठा कर लें। इसके फलों को अंगूठे व अंगुली से दबाने से बीज फल से बाहर आ जाते हैं। इन सफेद फलों को छाया में अच्छी तरह सुखा लें। इन बीजों में नमी रह जाने से इन पर एक फफूंदी पैदा हो जाती है। इस फफूँदी में ऐफ्लाटोक्सिन बहुत घातक विष होता है। सूखे बीजों को बोरी में भंडारण कर लें। एक लीटर सत् बनाने के लिए 50 ग्राम नीम की गिरी लें। गिरियों को धीरे-धीरे कूट कर पाउडर बना लें। लेकिन ध्यान रहें कि गिरी से तेल न निकले। गिरी पाउडर को एक पतले सूती कपड़ें में बाँध (पोटली) कर रात भर के लिए 1 लीटर पानी में भिगों दें।

अगले दिन इस पोटली को मसल कर निचोड़ दें और इस सत् को छान लें। इस सत् को पत्तियों पर चिकना योग्य बनाने के लिए इसमें 1 मिलीग्राम देशी साबुन का घोल (खादी साबुन) मिलाना उत्तम रहता है। यह घोल दूध के समान सफेद हो तो इसकी गुणवत्ता अच्छी होती है। सत् एफिड, व्हाइट फ़्लाई तथा स्टेमबोरर सफेद मकड़ी, तानाछेदक पर प्रभावी नहीं है। एक महत्वपूर्ण ध्यान देने योग्य बात है कि सत् जमा करने के 3 से 8 महीने के अन्दर ही बीजों में अजेडायरेक्टीन जैव-रसायन की प्रचुरता होती है। बाद में यह धीरे-धीरे कम होता रहता है। अतः सत् बनाने के पश्चात् परोक्त समयावधि में इसका प्रयोग करना उपयोगी होता है।

बीजों से तेल निकालने के बाद बचे हुए भाग को खली कहते हैं। इस खली का घोल भी कीटरोधक प्रभाव रखता है। एक लीटर सत् बनाने के लिए 100 ग्राम नीम की खली का प्रयोग करना चाहिए। खली को एक पतले कपड़े में पोटली बनाकर रातभर के लिए पानी में भिगोना चाहिए। अगले दिन इसे मसल कर छान लें। इस घोल में 1 मिलीग्राम गाढ़ा साबुन का घोल बनाकर भलीभाँति मिला लें तथा छिड़काव करें।

यह ध्यान रखें कि नीम पर आधारित इन कीटरोधकों का छिड़काव सूर्यास्त के बाद ही करें क्योंकि दिन में सूर्य की अल्ट्रावायलेट किरणों के कारण यह नष्ट हो जाता है व इसका कीटरोधक प्रभाव कम हो जाता है। नीम की पत्तियाँ, गिरी चूर्ण, तेल का प्रयोग भंडारण के समय कीटारोधक के रूप में भी किया जाता है।

बकायन (मेलिया अजाडिरेक्टा)

इस वृक्ष का प्रयोग सदियों से इसके बीजों, पत्तियों व सूखी टहनियों का प्रयोग कपड़े, चमड़ा तथा कागज को कीटों से बचाने के लिए किया जाता रहा है। यह उत्तरी भारत में बहुलता से मिलता है। यह भी बहुत से कीटों पर कीटनाशक प्रभाव रखता है।

बकायन कीटों के लार्वा को बढ़ने नहीं देता, कीट द्वारा खा लेने पर उसके पेट में विषाक्त प्रभाव पड़ता है। स्पर्श में भी विषाक्त होता है। यह कीटों के विकास में बाधक है, यह नीम से भी ज्यादा प्रभावी कीटरोधक है। इसका सत् तैयार करने की विधियाँ नीम सत तैयार करने के समान ही है। बकायन की कीटनाशक क्षमता नीम से दोगुनी होने के कारण इसकी मात्रा नीम के आधी ही प्रयोग की जाती है।

करंज (पोंगमिया पिन्नाटा)

फेबेसी कुल का यह पौधा सम्पूर्ण भारत में पाया जाता है। इसके बीजों से तेल मिलता है। यह रोशनी के लिए जलाने के काम आता है। जैविक डीजल बनाने में भी इसके तेल का वृहद् प्रयोग हो रहा है। इसकी खली को खाद के रूप में प्रयोग किया जाता है।

इसकी पत्तियों को हरी खाद के रूप में प्रयोग किया जाता है। इसका सत् बनाने के लिए पत्तियाँ, गिरी, खली व तेल का प्रयोग किया जाता है। साईट्रस एसिड, साईट्रस लीफ, रेड फ्लोर वीवील, राईस वीवील, मक्का का तनाछेदक, रूट नॉट, नीमेटोड व्हाइंट फ्लाई, रेड एण्ड, ब्राउन प्लांट होगर, ट्यूबर मोथ आदि स्पर्श व खाने पर विषाक्त कीटरोधक तथा कीट प्रतिरोधक गुण दर्शाते हैं।

एक किग्रा. पत्तियों को रातभर 5 लीटर पानी में भिगोयें। अगले दिन पत्तियों को पीसकर छान लें। प्रत्येक 1 लीटर सत् में 1 मिलीग्राम खादी साबुन का घोल मिलायें। इसका छिड़काव पत्ती खाने वाले कैटरपिलर के लिए किया जाता है। एक एकड़ में छिड़काव के लिए 20 किग्रा. पत्तियाँ, 100 लीटर पानी तथा 100 मिलीग्राम साबुन का घोल आवश्यक है। करंज गिरी से सत् तैयार करते समय, बीजों के छिलके उतार कर बीजों को हल्का-हल्का पीसें। 1 लीटर पानी के लिए 50 ग्राम चूरे का प्रयोग करें। गिरी के चूर्ण को पतले कपड़े में पोटली बनाकर रातभर भिगों दें। पोटली को मसलकर, तैयार रस छान लें। इस रस में 1 मिलीग्राम गाढ़ा साबुन का घोल मिलायें तथा छिड़काव करें। एक एकड़ में छिड़काव के लिए 5 किग्रा. खली, 100 लीटर पानी तथा 100 मिलीग्राम साबुन का घोल आवश्यक है।

जैविक खेती द्वारा फसलों की सुरक्षा

जैविक खेती में सामान्य खेती में प्रयुक्त होने वाले रसायन वर्जित होते हैं। इसलिए कीट, व्याधि एवं खरपतवारों का समुचित प्रबन्धन बहुत ही महत्वपूर्ण हो जाता है। जैविक पद्धति में फसल के इन शत्रुओं के नियंत्रण की अपेक्षा उनके प्रबंधन पर ज्यादा जोर दिया जाता है। हालांकि कभी-कभी यह एक लम्बी प्रक्रिया हो सकती है, परन्तु निम्न उपाय अपनाकर फसल सुरक्षा का लक्ष्य प्राप्त किया जा सकता है।

जैविक खेती में पौधों को सम्पूर्ण पोषण मिलता है, जिससे इनकी बढ़वार सम्पूर्ण रूप में होती है और वे अधिक स्वस्थ और कीट बीमारियों के लिए सहिष्णु होते हैं। इसके अतिरिक्त मृदा में सूक्ष्म पोषक तत्व पर्याप्त मात्रा में रहते हैं, जिससे उनकी कमी से होने वाले रोग भी नहीं हो पाते।

इसके लिए स्वस्थ एवं स्वच्छ बीज का उपयोग करें, ध्यान रखें कि बहुत सी बीमारियों के जीवाणुओं के वाहक स्वयं बीज होते हैं, अतः ऐसी बीमारियों से ग्रसित फसल से बीज न बनाएं। इस तथ्य को भी नहीं भूलना चाहिए कि स्वस्थ बीज ही स्वस्थ पौधे को जन्म देते हैं, साथ ही समुचित फसल पद्धतियाँ अपनाएँ। फसल चक्र एवं सहफसली खेती का सही तालमेल न केवल पालन-पोषण में उपयोगी है, बल्कि बीमारियों, कीटों व खरपतवारों से भी छुटकारा दिलाता है। निराई, गुड़ाई, सिंचाई इत्यादि उचित कृषि क्रियाओं

को समय से अपनाने से पौधे स्वस्थ रहते हैं और बीमारियाँ कम लगती हैं। बीमारी व कीट से प्रभावित पौधों व उनके अवशेष को नष्ट करना चाहिए।

जैविक खेती में गुणवत्ता नियंत्रण

एक जागरूक उपभोक्ता की संतुष्टि के लिए जैविक खेती में गुणवत्ता नियंत्रण एक अत्यंत ही महत्वपूर्ण पहलू है तथा इसकी पूरी प्रक्रिया चार स्तम्भों मानक, निरीक्षण प्रमाणीकरण तथा अधिकरण पर आधारित है। यद्यपि वह पूरी प्रक्रिया महंगी है, परन्तु उपभोक्ता एवं उत्पादनकर्ता के मध्य विश्वास स्थापित करने के लिए आवश्यक है कि इससे जहाँ एक ओर जैविक उत्पाद को अच्छी कीमत मिलना सुनिश्चित हो जाता है वहीं किसान को नकली जैविक किसानों से भी सुरक्षा मिलती है। जैविक खेती में गुणवत्ता नियन्त्रण पूरी उत्पादन प्रक्रिया पर आधारित होता है, न कि केवल 'उत्पाद' का तथा प्रयोगशालाओं में की गई जाँच इस प्रक्रिया का एक अंग मात्र है। अलग-अलग देशों में जैविक गुणवत्ता नियंत्रण हेतु। हमारे देश में यह जिम्मेदारी 'एपीडा' नामक सरकारी संस्था को सौंपी गई है। एपीडा ने सबसे पहले 2003 में जैविक कार्य हेतु मानकों का निर्धारण किया था तथा वहीं इनमें आवश्यकतानुसार समय-समय पर सुधार करती है। यही संस्था कुछ अर्द्ध-सरकारी अथवा गैर-सरकारी संस्थाओं को उनकी योग्यता तथा अनुभव के आधार पर जैविक कृषि के प्रमाणीकरण हेतु एजेंसी तैयार करती है। इच्छुक किसान इन प्राधिकृत संस्थाओं से सम्पर्क कर अपने फार्म तथा उत्पाद का प्रमाणीकरण करवा सकते हैं, जिसके लिए वे किसानों से पूर्व निर्धारित शुल्क वसूलते हैं।

□□□

13

आधुनिक जैविक खेती

जैविक खेती एशिया और विशेष रूप से भारत की मूल कृषि पद्धति है। भारतीय किसान परम्परागत तरीके से खेती में सामान्य तकनीकी व संसाधनों का उपयोग करते थे। जिसमें स्थानीय बीज, वर्षा आधारित खेती व जैविक खाद प्रमुख थे। सड़े-गले पत्ते व खरपतवारों का उपयोग कर खाद बनाने में भारतीय किसान माहिर थे। इसके प्रयोग से फसल अधिक गुणवत्ता वाली होती थी। साथ ही आस-पास का वातावरण साफ व स्वच्छ रहता था, परन्तु आधुनिक विज्ञान एवं प्रोद्योगिकी किसानों का रुख जैविक खाद से रासायनिक खादों की तरफ मोड़ दिया। एक ऐसा समय कि रासायनिक खाद, बीज व कीटनाशकों के प्रयोग से उत्पादन में वृद्धि हुई लेकिन एक सीमा के बाद आर्थिक दबाव पड़ने लगा। किंतु इसकी माँग में कमी नहीं आई।

आजकल जैविक खेती जिसे आधुनिक कृषि पद्धति के रूप में प्रचलित करने का प्रयास अन्तर्राष्ट्रीय स्तर पर किया जा रहा है परन्तु यह हमारे देश की प्राचीन कृषि पद्धति रही है जिसे वैदिक कृषि भी कहा गया है। कृषक प्राकृतिक नियमों का पालन करते हुए वैज्ञानिक तथ्य को पूर्ण रूपेण समझते हुए कृषि कार्य में संलग्न थे और इन्हें इच्छित सुफलदायी परिणाम प्राप्त होता था। मिट्टी की गुणवत्ता बनाये रखते हुए मानव कल्याण के साथ पर्यावरण संतुलन स्थापित रहता था। यह खेत, खलिहान, श्रमिक उवं उपभोक्ताओं के लिए किसी भी प्रकार से हानिकारक प्रभाव से रहित था। बढ़ती हुई आबादी, दोषपूर्ण कृषि नीति, अनावृष्टि के कारण हमें खाद्यान्न संकट से गुजरना पड़ा। 1960 के दशक में हरित क्रान्ति का अभ्युदय हुआ। डा. एम.एस. स्वामीनाथन इसके जनक माने गये। उनका मत था कि जैविक खेती के जरिये बढ़ती आबादी को खाद्य पदार्थ मुहैया नहीं कराया जा सकता

है। संकर बीज किस्मों, रासायनिक उर्वरकों जैसे यूरिया, डी.ए.पी. कीटनाशक तथा खरपतवार नाशक दवा का अत्यधिक उपयोग करने से मिट्टी की स्वाभाविक उर्वरा शक्ति में कमी हुई तथा बड़ी मात्रा में कृषि भूमि बंजर हो गयी जिसके परिणामस्वरूप जैविक खेती को अपनाने का प्रचलन हुआ और आज अधिकांश देश इसके अनुयायी बन गये हैं। हमारे परम्परागत बीज लुप्त हो गये तथा संकर बीजों पर निर्भरता बढ़ गई। उपज तो अच्छी प्राप्त हुई लेकिन रसायनों के दुष्प्रभाव मनुष्यों और जानवरों प जब देखा गया तो किसानों एवं कृषि वैज्ञानिकों का विचार पुनः बदला और उन्हें पुराने पथ पर जाने को मजबूर किया। खाद्य पदार्थों में कैडमियम तथा, शीशा एवं अन्य अवांक्षित तत्वों की मात्रा अनुपात से अधिक पाई गई जिसे रोगों का मुख्य कारक माना जाता है। संचित जल में भी हानिकारक तत्वों की मात्रा अधिक पाई गई। गाँवों, कस्बों के जलाशय इन रसायनों के द्वारा प्रदूषित हुए जो पालतू जानवरों के साथ जलीय पौधों एवं मछलियों को प्रभावित करते हुये खाद्य शृंखला के माध्यम से मनुष्यों तक पहुँचकर अनेक व्याधियों को जन्म दिया।

आज रासायनिक प्रदूषण से दूर हटकर कृषि मृदा वैज्ञानिक जैविक खेती करने को प्रोत्साहित कर रहे हैं। इस पद्धति के बारे में पुनः नये सिरे से कृषकों में जागृति तथा विश्वास बढ़ रहा है। जैविक खेती ने उत्पाद की गुणवत्ता ही नहीं बल्कि खेत खलिहान तथा उपभोक्ताओं के मध्य सामन्जस्य स्थापित किया है। आज जैविक खेती का परिचालन 130 देशों में कुल लगभग 35 मिलियन हैक्टेयर में हो रहा है। जैविक खेती के तीन मुख्य आधार हैं। पहला मिश्रित फसल, दूसरा फसल चक्र और तीसरा जैव उर्वरक का उपयोग। मिश्रित फसल लेने में कम क्षेत्रफल में हम अधिक उपज प्रापत कर लेते हैं। मिट्टी में मौजूद विभिन्न तत्वों का अनुपातिक विभिन्न फसलों में करते हैं। फलतः मिट्टी की प्राकृतिक गुणवत्ता बरकरार रहती है। पौधे जितनी मात्रा में कार्बनिक या अकार्बनिक तत्व ग्रहण करते हैं उसे बायोजियोकेमिकल्स चक्र के अन्तर्गत लौटा देते हैं। खरपतवारों को उगने का मौका नहीं मिल पाता। अरहर के खेत में पंक्तिबद्ध मूंगफली, मूंग, उरद, सोयाबीन या लोबिया लगाना सुविधाजनक होता है। इस प्रकार सहफसली खेती में उचित प्रजाति का चुनाव एवं सिंचाई प्रबन्धन पर ध्यान देना आवश्यक है। जैविक खेती का दूसरा आधार फसल चक्र है। एक ही फसल लगातार उगाने से मिट्टी में मौजूद लवणों का संतुलन बिगड़ जाता है। अतः फसल का अनुपालन करने से पौधों को भी उचित पोषक प्राप्त होता है। साथ ही मिट्टी की उर्वरकता बनी रहती है। खरपतवार भी न्यूनतम उग पाते है। पादप रोगों को भी फैलाव का मौका नहीं मिलता तथा कीटों की संख्या में ह्रास देखा गया है। खेती से प्राप्त अतिरिक्त उत्पाद को पुनः सड़ाकर उसी मिट्टी में मिला देने से किसानों की उर्वरक, कीटनाशक तथा खरपतवार नाशक, रसायन पर व्यय राशि के साथ-साथ श्रमशक्ति की भी बचत होती है। रासायनिक उर्वरकों का आयात करने में विदेशी मुद्रा की खपत कम होती है।

हम कृषि उत्पाद के अवशिष्ट पदार्थ (जैसे - पुआल, भूसी) बायोगैस संयत्र का अवशिष्ट एवं केंचुआ खाद आदि का उपयोग करके मिट्टी में मौजूद विभिन्न तत्वों की आनुपातिक मात्रा सामान्य बनाये रख सकते हैं। खेत-खलिहानों के उत्पाद की ही उर्वरक कीटाणुनाशक या खरपतवार नाशक या फफूँदीनाशक के रूप में इस्तेमाल करके आर्थिक बोझ को कम करते हुये प्राकृतिक संतुलन स्थापित कर सकते हैं। विभिन्न प्रकार के रसायनों के अत्यधिक इस्तेमाल से आंतों में सूजन, एलर्जी, हेपेटाइटिस, हृदय रोग एवं कैंसर होने की संभावना बढ़ी है। नीम का पौधा प्राचीन समय से हमारे जीवन से जुड़ा है। इसमें मौजूद निम्बीन एवं निम्मडीन के कारण विभिन्न फसलों, अंगूर तथा गेहूँ इत्यादि पौधों पर रोग निरोधक के रूप में प्रयोग करना उपयोगी है। इसका प्रयोग बायोकन्ट्रोल के निर्माण के लिए किया गया है जिसमें नीम, फफूंदी जीवाणु, विषाणु तथा जन्तुओं की सहायता से बायोपेस्टीसाइड का निर्माण किया जा रहा है जो काफी उपयोगी है। इस प्रकार जैविक खेती मूलतः फसल-चक्र, मिश्रित फसल, खेत खलिहान के अवशिष्ट पदार्थ का सदुपयोग गोबर-खाद केचुआँ तथा जैविक कीट नियंत्रण के इस्तेमाल पर आधरित है। इससे अवशिष्ट पदार्थों का सदुपयोग भी हो जाता है तथा वातावरण प्रदूषण मुक्त भी रहता है।

भारत में आधुनिक खेती का मॉडल 1960 की हरित क्रांति की शुरूआत के साथ अपनाया गया। आज देश में कृषि उत्पादकता थम चुकी है जिसकी गति बहुत धीमी है और कृषि उत्पादन विकास दो फीसदी की सालाना दर से बढ़ रही जनसंख्या की मांग के मुकाबले कम है। ऐसे में भारत सरकार कम उत्पादकता की समस्या से निजात पाने के लिए दूसरी हरित क्रांति को लाने पर विचार कर रही है।

हालांकि खेती-बाड़ी में कोट प्रबंधन के लिये रासायनिक कीटनाशक सर्वाधिक प्रभावशाली होते हैं, लेकिन साथ ही साथ इनके दुष्प्रभाव भी कम नहीं होते हैं। बार-बार इन हानिकारक दवाओं के प्रयोग से कीड़ों में इनके विरुद्ध प्रतिरोधक क्षमता बढ़ती जाती है जिसके फलस्वरूप हर छिड़काव में दवाओं की मात्रा बढ़ाते रहने से न तो ये दवाएं प्रभावशाली रह पाती हैं और इनके अवशिष्ट से हम अपने वातावरण को भी प्रदूषित करते हैं। यही नहीं इसके अलावा प्राकृतिक रूप से कीटों का नियंत्रण रखने वाले मित्र-जीवों के महत्वपूर्ण योगदान से अनभिज्ञ हम इन्हें भी नष्ट कर देते हैं। इस तरह रासायनिक कीटनाशकों के अनेक अवगुण के साथ-साथ हम ज्यादा लागत लगाते हैं। जैविक खेती ऐसी खेती है जहाँ हानिकारक रसायन पूर्ण रूप से वर्जित होती है। इसके अंतर्गत कीट प्रबन्धन के ऐसे माध्यमों का प्रयोग किया जाता है, जो कि वातावरण हेतु प्रभावशाली व आर्थिक दृष्टि से ऐसे होते हैं।

खेतीबारी में प्रायः किए जाने वाले तौर-तरीकों में थोड़ा सा परिवर्तन करने पर कीटों का प्रभावशाली प्रबंधन किया जा सकता है। इनमें से प्रमुख खेती की साफ-सफाई पर ध्यान देना है।

बीज रोपण में पौधों के सही घनत्व का ध्यान रखना, बुवाई उपयुक्त समय पर ही करना, नाइट्रोजन उर्वरकों की उपयुक्त मात्रा का ही प्रयोग करना, जल एवं पोषण प्रबंधन, कीटों का आश्रय देने वाले अनावश्यक खरपतवार का नियंत्रण, गर्मियों में बुवाई के पहले जमीन की अच्छी व गहरी जुताई करना इत्यादि। गहरी जुताई से जमीन की सतह के नीचे पनपने वाले अपरिपक्व कीड़े ऊपर आ जाते हैं, जो कि धूप की गर्मी को सहन नहीं कर पाते हैं, या तो पक्षियों के भोजन का शिकार हो जाते हैं या उनकी मृत्यु हो जाती है। इससे इनकी संख्या में काफी हद तक कमी आ जाती है। कटाई उपरांत हमें खेती की सफाई का भी ध्यान रखना चाहिए। कीट-क्षतिग्रस्त पौधों को खुले में नहीं छोड़े बल्कि उन्हें एक गड्ढे में डालकर बंद कर दें। इससे पौधों के अन्दर पनप रहे कीट परिपक्व होने के पश्चात् न ही वातावरण में बढ़ पायेंगे और न ही अगले मौसम में लगाए जाने वाले नई फसलों पर आक्रमण करेंगे।

कृषि को लाभकारी बनाने और मिट्टी की पोषक क्षमता नष्ट होने से बचाने के लिए जैविक खाद और जैविक खेती पर बल देने की आवश्यकता है। ग्रीनपीस की रिपोर्ट ने कृषि की परिस्थितिकी विधि अपनाने का सुझाव दिया है। इसे जैविक खेती के नाम से जाना जाता है जो कम लागत वाला विकल्प है। इस संबंध में वर्मीकम्पोस्ट खाद का प्रयोग कृत्रिम नाइट्रोजन खाद का विकल्प हो सकता है। यदि भारत सरकार कृत्रिम खाद सब्सिडी को हटाने के लिए पांच साल की योजना बनाती है तो निश्चित तौर पर 12,000 अरब रुपये सब्सिडी की बचत करना संभव है। इसका 40 फीसदी यानि 4900 अरब रुपयों का निवेश वर्मीकम्पोस्ट यूनिट बनाने पर किया जा सकता है। इससे कृत्रिम नाइट्रोजन खाद के स्थान पर जैविक नाइट्रोजन का इस्तेमाल होने लगेगा। लेकिन बड़ा सवाल यही है कि आज के मौजूदा राजनीतिक परिदृश्य में कथित आधुनिक खेती की जगह पर पारंपरिक जैविक खेती पर ध्यान देने का फैसला लिया जा सकेगा। जलवायु संतुलन के लिए जैविक खेती ही उपयुक्त विकल्प है। लेकिन देश के तमाम राय देने वाले आधुनिक खेती की जमकर वकालत कर रहे हैं। उत्पादकता बढ़ाने के लिए जेनेटिकली मॉडीफाइड (जीएम) फसलों की बातें काफी प्रचलित है।

परभक्षी, परजीवी एवं रोगाणुओं का प्रयोग ही जैविक कीट प्रबंधन का मूल आधार है, जो हमारे मित्र साबित हुए हैं। आमतौर पर ये मित्र जीव अच्छे एवं स्वस्थ वातावरण में उपयुक्त स्तर पर शामिल रहते हैं, और तो और प्राकृतिक रूप से शत्रु कीटों पर काफी हद तक नियंत्रण रखते हैं, रासायनिक दवाओं के प्रयोग से मित्र तथा शत्रु जीवों की संख्या असंतुलित हो जाती है, जो कि एक बड़ी समस्या है।

इन मित्र जीवों को प्रयोगशाला में बड़ी मात्रा में पैदा कर खेतों में कीट प्रबंधन के लिये छोड़ा जा सकता है। ट्राइकोडर्मा, एनपीवी एवं जीवी विषाणु खास कीटों के लिए उपलब्ध है। रोगाणुओं में **बैसिलस थूरिनजिएन्सिम** नामक जीवाणु काफी प्रचलित है। जिनके जीन की सहायता से जीन-परिवर्तन कीट प्रतिरोधी कपास (बी.टी.कपास) निर्मित किया गया है, जोकि आम कपास की तुलना में अधिक कारगार एवं लाभकारी है।

ट्रैप फसलें कीड़ों को अंडा देने व उन पर खाने के लिये अपनी ओर ज्यादा आकर्षित करते हैं, जिससे मुख्य फसल बच जाती है। उदाहरण के तौर पर टमाटर की चौदह कतारों के बाद गैंदा की कतार लगाने से फल भेदक टमाटर की बजाय गैंदा पर आकर्षित हो जाता है, जिससे टमाटर की क्षति में काफी हद तक कमी आ जाती है। इसके अलावा हर मौसम में फसलें बदलते रहने से भी कीटों का फसलों पर निरंतर आना, भंग हो जाता है।

कई प्रकार के पौधों में कीटनाशी प्रभाव पाये गये हैं, जिसमें नीम का प्रयोग बेहतर साबित हुआ है। नीम का पेड़ हर जगह पाया जाता है तथा इससे कीटनाशक दवा बनाना बहुत ही आसान एवं घरेलू होता हैं नीम निर्मित कीटनाशक बाजार में उपलब्ध है तथा नीम सीड कर्नल एक्स्ट्रेक्ट (एन.एस.वाई) 5 प्रतिशत, नीम तेल 2 प्रतिशत एवं नीम 250 किग्रा. है। लेड़र फसलों जो कि कतारों में लगी होती है, बहुत ही लाभकारी सिद्ध हुए हैं। इसके अलावा पंचगब्य जो कि गौ मूत्र, गोबर, दूध, घी एवं दही काफी प्रचलित है।

फेरोमोन मादा कीटों से निकलने वाला एक जैविक रसायन है जो कि अपने नर पक्ष को प्रजनन के लिए आकर्षित करता है। इन फेरोमोन तथा इसके रसायन अनुरूप का प्रयोग खेतों में कीटों की उपस्थिति का आंकलन करने में तथा उनके प्रजनन को भंग करने में किया जा सकता है। उदाहरण के तौर पर नर फल मक्खियों को आकर्षित करने के लिए मिथाईल यूजिनॉल का प्रयोग किया जाता है। चेचक, सफेद मक्खियाँ इत्यादि कीटों में पीले रंग का डेल्टा ट्रेप इस्तेमाल किया जाता है, जिससे आकर्षित होकर कीड़ें ट्रैप के भीतरी चिपचिपे सतहों पर चिपक जाते हैं।

तेजी से बढ़ती आबादी का पेट भरने के लिए ज्यादा अन्न उगाने की चिंता में वैज्ञानिकों ने जब रासायनिक उर्वरकों और कीटनाशकों का आविष्कार किया होगा तब उन्होंने शायद यह अनुमान नहीं लगाया होगा कि इससे एक समस्या (अन्न की कमी) तो दूर हो जाएगी लेकिन दूसरी समस्या खड़ी हो जाएगी। दूसरी समस्या यह खड़ी हो गई कि हमारे खेतों की उर्वरता घटने लगी और अनाज में जहरीले तत्व मिलने लगे। यही नहीं उर्वरकों और कीटनाशकों के भारी उपयोग के चलते हमारा समूचा पर्यावरणीय चक्र अस्तित्व ही खतरे में पड़ता दिखाई दे रहा है।

अब वैज्ञानिकों की चिंता का विषय यह है कि खेतों को रसायनों के कुप्रभाव से कैसे सुरक्षित रखा जाए? यह चिंता समूची दुनिया में दिखाई दे रही है। यही वजह है कि तमाम देश जैविक खेती को बढ़ावा देने में लगे हैं। अमेरिका ने अभी हाल में कई कार्यक्रम शुरू किये हैं जिसमें जैविक खेती करने वाले छोटे व मझोले किसानों को वित्तीय मदद की जाएगी। ये किसान अपने खेतों को जैविक खेती के लिए पंजीकृत करा सकते हैं। अमेरिका में चलाए जा रहे इस कार्यक्रम के अनुसार किसानों को हर साल अधिकतम 20 हजार डॉलर प्रति फार्म की सहायता दी जाएगी। उन्हें यह सहायता छह सालों तक मिलेगी। कार्यक्रम के तहत् उन्हें प्रति फार्म अधिकतम 80 हजार डॉलर की सहायता देने का प्रावधान है। अमेरिकी कृषि विवरण द्वारा चलाए जा रहे इस कार्यक्रम के तहत् मिलियन डॉलर की व्यवस्था की गई है। अमेरिका की चिंता लाजिमी है क्योंकि वहाँ जैविक खेती की स्थिति कोई बहुत अच्छी नहीं है। एक अनुमान के अनुसार वहां कुल खेती योग्य जमीन में से सिर्फ 0.23 फीसदी जमीन पर जैविक खेती हो रही है।

जैविक विधि से उगाई फसलों का बेहतर मूल्य मिलना कोई मुश्किल नहीं है लेकिन इसलिए किसानों को प्रेरित करना और प्रशिक्षित करना बड़ा काम है। सामान्य खेती में भी किसानों के अनिश्चितता के दौर से गुजरने की आशंका बनी रहती है। ऐसे में किसानों को जैविक खेती नियमित आय सुनिश्चित करने की सख्त जरूरत है। इसके लिए किसानों को समुचित प्रशिक्षण देने के अलावा सुनिश्चित बाजार सुलभ कराना समय की मांग है। अगर सरकार किसानों व जैविक खेती के लिए प्रेरित करने में सफल रही तो जहरीले भोजन से मुक्ति की दिशा में हमारा यह ठोस कदम होगा, हालांकि विशाल भारत में बड़ी शुरूआत भी आंशिक ही कहलाएगी।

खेती भारत का सबसे पुराना और सबसे अधिक लोगों के पेट भरने का साधन है और यदि कृषि को भारतीय समाज या अर्थव्यवस्था की रीढ़ कहा जाय तो कोई अतिशयोक्ति नहीं होनी चाहिये, लेकिन इसे राजनीति का कुचक्र कहें या भारतीय किसानों की बदकिस्मती कि विकसित और आधुनिकता की दौड़ में मानों हमने खेती और उससे जुड़े किसानों का तिरस्कार कर दिया है। इसे देश की त्रासदी ही कहा जायेगा कि आज जब देश की अर्थव्यवस्था और विकाश दर नये रिकार्ड कायम कर रही है वहीं तस्वीर का दूसरा पहलू यह है कि भारतीय किसान आत्महत्या करने पर मजबूर हैं। देश के कुछ हिस्सों को छोड़कर लगभग पूरे देश में औसतन शायद ही ऐसा कोई दिन हो जब कोई किसान कर्ज, सूखा या बाढ़ की विभीषिका के तले दबकर आत्महत्या करने पर मजबूर नहीं होता है। किसान की मौत भले ही किसान के परिवार के लिये त्रासदी है लेकिन राजनैतिक पार्टियाँ इसे चुनावी एजेंडे के रूप में ले रही हैं लेकिन किसान और सरकार से भी ऊपर बैठा कारपोरेट समूह सरकार के माध्यम से नये-नये तरीकों का इस्तेमाल करके किसानों के शोषण करने में जुटा

है और समय-समय पर नई योजनाओं को माध्यम बनाकर सरकार और किसान की आँखों में धूल झोंककर अपने हित साधने में लगा हुआ है। इस कड़ी में नया नाम है जैविक खेती का बड़े-बड़े शहरों में शीशे के घरों में बैठकर कारोबार करने वाली कम्पनियाँ और हस्तियाँ इस खेल की प्रमुख खिलाड़ी हैं।

जैविक प्रमाणिक वस्तुओं का बाजार मूल्य समाप्त वस्तुओं की तुलना में काफी अधिक होता है लेकिन इसका लाभ किसान को नहीं मिल पाता। प्रमाणीकरण में हुए खर्चे और प्रमाणीकरण व जैविक मार्केटिंग करवाने वाली संस्थाएं इसका लाभ उठाती हैं। ग्रामीणीकरण के सारे मापदंड यूरोप और अमेरिका में बने हुए हैं या फिर उनके अनुसार ही बनाए गए हैं। इसके पीछे का तर्क यह दिया जाता है कि यदि जैविक उत्पाद का निर्यात करना है, तो वहाँ के मापदंडों को स्वीकार करना ही होगा और यदि निर्यात की संभावना को छोड़ दें तो किसानों को जैविक खेती का कोई फायदा नहीं मिल जाएगा। वास्तव में गौर से देखें तो यह सारा मामला मार्केटिंग और पैसे का ही दिखता है। इसमें कहीं भी भूमि और किसानों व उपभोक्ताओं के हितों के संरक्षण की बात नहीं है। किसानों के बीच शून्य लागत खेती का प्रचार करने वाले कई कृषि विशेषज्ञों का मानना है कि बातें केवल दिखावे की हैं। यह खेती का व्यवसायीकरण करने का एक षड्यंत्र मात्र है। किसानों को जितना खतरा वैश्वीकरण से है, उतना ही जैविक खेती रूपी व्यवसायीकरण से भी है।

□□□

14

रोजगार का साधन जैविक खेती

सुरक्षित वातावरण और भोजन के प्रति उपभोक्ताओं की बढ़ती जागरूकता के चलते हाल के कुछ वर्षों से जैविक रूप से उत्पादित पदार्थों की मांग में दिनोदिन बढ़ोतरी हो रही है। जैविक खेती के लिये जैविक खादों की महती जरूरत पड़ती है। इसलिये जैविक खादों को तैयार करने का कारोबार ग्रामीणों के लिए बेहतर आजीविका का साधन बन सकती है। इस पद्धति को अपनाने से खेती की उर्वरक क्षमता में कोई नुकसान नहीं पहुँचता है। जैविक खादों के प्रयोग से खाद्य पदार्थों में खतरनाक कीटनाशकों की उपस्थिति नहीं के बराबर होती है। ये भोज्य पदार्थ स्वाद और गुणवत्ता की दृष्टि से भी बेहतर माने जाते हैं। यदि किसानों के बीच जैविक उत्पादों की बढ़ती लोकप्रियता को देखते हुये गाँव के बेरोजगार युवक छोटे-मोटे संयत्र लगाकर जैविक उत्पादों का निर्माण करें, तो यह रोजगार का अच्छा साधन हो सकता है।

इटरनेशनल कापिटिंग सेन्टर फार आर्गेनिक एग्रीकल्चर (आई.सी.सी.ओ.ए) की रिपोर्ट के मुताबिक भारत में जैविक खेती का प्रचलन पिछले पाँच वर्षों में सात गुणा से अधिक हो गया है। वर्ष 2007-08 में करीब 15 लाख हैक्टेयर क्षेत्रफल में जैविक खेती की गई। वर्ष 2003 में 7.3 करोड़ रुपये की जैव उत्पाद निर्यात की गयी थी जो अब तक 2008 में बढ़कर 300 करोड़ रुपये का स्तर पार कर गयी है। आशा है कि वर्ष 2021 तक इसका निर्यात बढ़कर 2500 करोड़ रुपये का हो जायेगा। पूरी दुनिया में जैविक उत्पादों का वर्ष में कारोबार 38.6 अरब डॉलर का है जो वर्ष 2000 में 18 अरब डालर का था। बिक्री दर में तेजी को देखते हुये अगले पांच साल में निर्यात लागत 6-7 गुनी बढ़ेगी। फिलहाल जैविक उत्पादों के वैश्विक बाजार में भारत की हिस्सेदारी

0.2 फीसदी है। फिलहाल दुनिया में 3.04 करोड़ हैक्टेयर भूमि पर जैविक खेती की जाती है।

जैविक खेती कृषि का सबसे प्राचीन स्वरूप है। इस पद्धति के बहुत सारे लाभ, उत्पादन का उच्च मूल्य, प्राकृतिक संसाधानों का संरक्षण, भूमि उर्वरता, जल की गुणवत्ता, मृदा के कटाव से बचाव और प्राकृतिक जैव विविधता की सुरक्षा के साथ-साथ अनेक सामाजिक, फायदे जैसे ग्रामीण रोजगार सृजन संबंधित पोषण और बाह्य लागतों पर अल्प निर्भरता आदि हैं। जैविक खेती की जान कहे जाने वाले पाँच कारक वर्मी कम्पोस्ट, जैविक खादें, जैविक कीटनाशक, वनस्पति कीटनाशक एवं हरी खाद्यान्न दलहनी फसले हैं। इनका सुरक्षित उपयोग करके गुणवत्ता युक्त उत्पाद लिया जा सकता है। आज व्यावसायिक स्तर पर जैविक खेती के रूप में जैविक खेती की बात की जा रही है। भारत में जैविक खेती का क्षेत्र तेजी से बढ़ रहा है। हमारे देश में चाय बागवान, मसालें, फल, सब्जियाँ, कपास, अनाज, सूखे तिलहन, दाले और गन्ना आदि की जैविक खेती भारतीय निर्यात उद्योग के लिये उचित मूल्य दिलाने में एक अग्रणी आन्दोलन की तरह काम करेंगी।

जैविक खेती एवं जी.एम. फसलें

जीनान्तरित फसलों के विकास में जैव प्रोद्योगिकी की अहम् भूमिका रही है, जोकि खाद्यान्न सुरक्षा, पोषाहार सुरक्षा और ज्यादा टिकाऊ कृषि में योगदान करती है। केन्द्रीय राष्ट्रीय प्राथमिकताओं के अनुसार कृषि उत्पादकता व टिकाऊपन को बढ़ाने के लिये अनाजों, दलहनों, कपास, तेलीय व सब्जी वाली फसलों को जीनान्तरित फसलों से बदलने की मुख्य भूमिका रही है। जिससे भविष्य में जीनान्तरित फसलों द्वारा उत्पादकता बढ़ाने के साथ-साथ किसानों द्वारा कीट रसायनों पर व्यय होने वाले करोड़ों रुपयों की संपत्ति की बचत होगी।

जीनान्तरित फसलें न केवल अधिक उपज अपितु गुणवत्ता की दृष्टि से भी यह महत्वपूर्ण है। यही नहीं इस तकनीक द्वारा पौधों में ही कीट व्याधियों से लड़ने की आंतरिक क्षमताएँ भी पैदा की जा रही हैं। वैज्ञानिकों ने पादप व जीवाणुओं के जीनों का सम्मेलन करते हए कीटों व पीड़क जन्तुओं, सर्दी, ठण्ड, लवणता के प्रति सहिष्णुता पैदा करने के लिये प्रोटिएज नामक एंजाइम तैयार की है। प्रोटिएज निरोधक और लेक्टिन प्रोटीन जीनों को देशी दलहनी फसलों से अलग किया गया है। इन जीनों का प्रयोग विभिन्न फसलों के अनेक प्रकार की कीट प्रजातियों को नियंत्रित करने में किया जा सकता है। लैक्टिन फलियों के बीजों में पर्याप्त मात्रा में पाये जाने वाले विषम जातीय कार्बोहाइड्रेट को बांधने वाले प्रोटीन होते हैं। इसका प्रभाव रस चूसक कीटों के आहार नाल की एपीथिलियम में मौजूद ग्लाइकोप्रोटीन पर होता है और बाद में पोषक पदार्थों के अवशोषण में निरोध के कारण कीटों की मृत्यु हो जाती है।

जीनान्तरित फसलों का हमारे देश में बढ़ता क्षेत्रफल किसानों में जैव प्रोद्योगिकी के अपनाने के प्रति उनके विश्वास को प्रदर्शित करता है। हमारे केन्द्र ने भी जीनान्तरित कपास का विकास कर लिया है। इसके तहत वैज्ञानिकों द्वारा स्थानीय किस्म बीकानेरी नरम में बैक्टिरिया थूरिजियेंसिस थ्यूरिजीन जीन स्थानान्तरित कराया गया है। इसके टी-1, टी-2 स्तर पर प्रायोगिक परीक्षण सफल पाये गये हैं तथा इसे सुण्डी के प्रति सहिष्णु पाया गया है।

स्वतंत्रता प्राप्ति के बाद देश की जनसंख्या में जिस दर से वृद्धि हो रही है, उसी दर से कृषि उत्पादन भी बढ़ रहा है। लेकिन इसमें कोई संदेह नहीं कि जब तक देश की जनसंख्या वृद्धि दर स्थिर नहीं होती तब तक खाद्यान्नों का तथा अन्य आवश्यकताएँ बढ़ती रहेंगी और आमदनी के हिसाब से खपत में परिवर्तन होगा।

हमारे देश का खाद्यान्न उत्पादन जो कि कुछ वर्षों पूर्व चरम सीमा पर पहुँच चुका था पुनः ढलान की ओर है। अतः आज समय की महती आवश्यकता यह है कि पुनः खाद्यान्न उत्पादन को ऊँचाइयों पर पहुँचा कर बनाये रखा जाये। कृषि उत्पादन को स्थिर बनाये रखने के लिए भूमि प्रबन्धन, सिंचाई प्रबन्धन, उन्नत बीजों का प्रयोग तथा कार्बनिक खेती जैसे अनेक उपाय आजकल भारतीय वैज्ञानिकों द्वारा किये जा रहे हैं। आधारभूत युक्तिपरक व्यावहारिक और अनुकूल अनुसंधान निरंतर अबाध गति से चलने चाहिए। नीतिगत प्रश्नों को सुलझाने के लिये अधिक अनुसंधान प्रयासों की आवश्यकता होगी, क्योंकि अन्ततः इन्हीं के आधार पर उत्पादन प्रणालियों को अपेक्षित स्थायित्व मिल पाएगा। अब ऐसी तकनीकों का विकास करना होगा जो इस आधुनिक युग में बदलते परिवेश से गुणवत्तायुक्त भोजन उपलब्ध करा सकें।

कृषि में विविधीकरण लाने के लिए वैकल्पिक तथा गैर-परंपरागत संसाधनों की खोज की जाए ताकि भोजन, ईंधन, चारा और रेशा आदि की आपूर्ति से वांछित खाद्यान्न और पोषण की सुरक्षा प्राप्त की जा सके।

जैविक खेती टिकाऊ हो, आर्थिक दृष्टि से सक्षम हो और किसानों के स्वीकार्य होने के साथ-साथ पर्यावरण मित्र भी हो, साथ ही मिट्टी, पानी जीवांश (फांसिल) ईंधनों का संरक्षण हो। जैविक अनाज/सब्जी फल-फूल और नाशवान को बरबाद होने से बचाने के लिये परिवहन और भण्डारण की ऐसी तकनीकें विकसित करना जिनमें वे देर तक टिकाऊ रहें।

पर्यावरण व भूमि को बचाने के लिये व उपभोक्ता के स्वास्थ्य के लिये जैविक खेती जरूरी है। कर्ज बोझ को कम करने व कम होते भूजल से ही खेती करने के लिये जैविक खेती अपरिहार्य है। अतः वर्तमान या भविष्य की जरूरत या मजबूरी को समझकर जैविक खेती करना ही एकमात्र विकल्प है। जैविक खेती प्रकृति का निःशुल्क उपहार है। जैविक

खेती के लिये खाद खेती के अवशेष व पशु अपशिष्ट से बनती है अतः लागत के नाम पर सिर्फ मेहनत होती है। इनके उपयोग से भूमि उपजाऊ होती है व जल की बचत होती है। इसी प्रकार जैविक कीट नियंत्रक फसल पर दुष्प्रभाव नहीं छोड़ता है।

जैविक उत्पाद अच्छी गंध व रूप वाले तथा अधिक समय तक भण्डारण योग्य होते हैं तथा बाजार भाव भी अधिक मिलता है। इन उत्पादों का उत्पादन करके तथा जैव खादों का निर्माण करके कृषकों को गाँव में ही रोजगार दिया जा सकेगा। अधिक फसल देने वाली फसलों और संकरों के प्रचलन के बाद अधिक पैदावार और लाभ के लिये प्रतिस्पर्धा ऐसी बढ़ी कि हमारा ध्यान इस बात पर गया ही नहीं कि ये प्रणाली कम समय तक चल पायेगी। इसी का नतीजा है कि ये सारी प्रणालियाँ जवाब दे चुकी हैं और उत्पादकता के स्तर को घटाने वाली नई-नई समस्याएँ उभरने लगी हैं। इस तरह की कुछ समस्याएँ हैं - पोषक तत्वों की दक्षता में कमी, मिट्टी में अनेक पोषक तत्वों का असंतुलन, मिट्टी के भौतिक, रासायनिक, जैविक गुणों में प्रतिकूल परिवर्तन, पानी का दुरुपयोग, मिट्टी और पानी का प्रदूषण तथा कीट रोगों तथा खरपतवार की सांठ-गांठ। इस समस्याओं से निपटने के लिये फलदार फसलों को शामिल करते हुये प्रणालियाँ विकसित करनी होंगी जो हर हाल में टिकाऊ साबित हों। इनमें लागत की दृष्टि से लाभप्रद फसल प्रबंधन विधियाँ भी शामिल हैं।

जैविक खेती उन पद्धतियों में से जो विस्तृत एवं विविधीकृत स्वरूप है, साथ ही कृषि में टिकाऊपन लाने, वातावरण को सुरक्षित रखने, जैव विविधता को बढ़ावा देने तथा लागत को कम करने में सहायक है। जैविक खेती, फसल चक्र, फसल अवशेष, पशुओं से प्राप्त खाद, कार्बनिक पदार्थों के प्रयोग पर टिकी है तथा भूमि उर्वरता को कायम रखने, वृद्धि तत्वों की पूर्ति करने व कीट व्याधियों एवं खरपतवार नियंत्रण पर विश्वास रखती है।

कृषि रसायनों के अत्यधिक प्रयोगों से उत्पादित फसलों की गुणवत्ता प्रभावित हुई है, फिर भी किसान रसायन आधारित कृषि को छोड़कर जैविक खेती अपनाने के लिए कम ही तैयार हैं। किसानों को संदेह है कि इससे कहीं प्रति हैक्टेयर उनका उत्पादन इतना कम न हो जाए कि लागत भी प्राप्त न हो। यही नहीं वह जैविक खादों की आपूर्ति के प्रति भी आश्वस्त नहीं हैं। जैविक खादों का अधिक उत्पादन एवं उनका उपयोग जैसे गोबर की खाद, कम्पोस्ट खाद, जलीय खरपतवारों की कम्पोस्ट, हरी खाद, वर्मी कम्पोस्ट व नीलों-हरी शैवाल का उपयोग सफल खेती के लिए आवश्यक है। बैक्टीरियायुक्त कल्चर जैसे एजोला, एजोटोबैक्टर, राइजोबियम, एजोस्पाइरिलम, फास्फेट सोलूब्लाइजिंग बैक्टीरिया (पी.एस.बी.) तथा माइकोराइजा आदि का उपयोग जैविक खेती में शामिल है।

जैविक खेती के प्रमुख उद्देश्य

1. भूमि के भौतिक, रासायनिक एवं जैविक गुणों का उपयोग करना तथा उच्च गुणवत्ता वाले खाद्य पदार्थों का पर्याप्त मात्रा में उत्पादन करना।
2. मृदा की उर्वरता को बनाए रखना एवं सूक्ष्म जीवाणुओं, पौधों व जीवों से संबंधित जैविक क्रियाओं को प्रोत्साहित करना।
3. कार्बनिक आधारित पोषक तत्वों का पर्याप्त मात्रा में प्रयोग करना।
4. कृषि रसायनों से उत्पन्न होने वाले प्रदूषण को नियंत्रित करना एवं स्थानीय कृषि क्रियाओं एवं ऊर्जा नवीनीकरण स्त्रोतों का उपयोग करना।
5. कृषि पद्धति के विस्तृत तथा पारिस्थितिक प्रभाव का ध्यान रखना।

जैविक खेती का भविष्य एवं लाभ

कृषि रसायनों के मानव स्वास्थ्य पर दुष्प्रभाव देखते हुए जैविक खेती उपयुक्त स्थानापन्न है और देश में इसका भविष्य उज्ज्वल है।

किसान अपने घर के लिए जो गन्ने से गुड़ तैयार करवाता है उसमें वह किसी भी रसायन का प्रयोग नहीं करता है, भले ही उसमें अच्छा रंग एवं चमक न आए। स्वयं सब्जी उत्पादक भी कार्बनिक खादों से उगाई गई सब्जियाँ अपने घर के लिए प्रयोग करते हैं, जबकि रसायनों वाली सब्जियाँ बाजार में भेजी जाती हैं। कार्बनिक खेती से प्राकृतिक संसाधन सुरक्षित रह सकते हैं। जैविक खेती अपनाने से देश स्वावलंबी बनेगा और हम स्वस्थ होंगे।

गोबर के उपले न बनाकर यदि इसकी खाद बनाकर खेती में प्रयोग की जाए, तो इस खाद से पर्याप्त मात्रा में नत्रजन, फाँस्फोरस एवं पोटाश तत्वों की आपूर्ति फसलों को की जा सकती है। कृषि वानिकी में नीम, सिरस, महुआ, जामुन आदि वृक्षों को फसलों के साथ उगाया जाना लाभप्रद है।

जैविक खेती एक व्यापक प्रयास है, जिसमें सभी अवयव निहित हैं। यह खेती पद्धति प्रकृति आधारित, वातावरणीय मैत्रीय एवं स्थानीय प्रकार की है। कार्बनिक खेती से उत्पन्न किये गये खाद्य देखने से अपेक्षाकृत अच्छे स्वादिष्ट, सुस्वादु और पोषक होते हैं।

यह स्थानीय तौर पर उपलब्ध और साधन आधारित पुनरूज्जीवित होने वाली होती है अतः लघु एवं सीमान्त कृषकों के लिए भी परमोपयोगी होती है। यदि सही तरीके से कृषि पद्धति अपनायी जाय तो कृषि उत्पाद को लगातार बनाये रखा जा सकता है।

□□□

परिशिष्ट-1

गन्ने की खोई से जैविक खाद

भारत के विभिन्न राज्यों में गन्ने की खेती प्रमुखता के साथ की जाती है। फिलहाल देश में प्रति वर्ष तीन हजार लाख मैट्रिक टन गन्ने का उत्पादन होता है जिसमें अनुमानतः 1000 लाख टन गन्ने की खोई पायी जाती है। इसमें एक बड़ा हिस्सा कागज उद्योग तथा शेष जैविक खाद बनाने में इस्तेमाल किया जा सकता है।

रासायनिक उर्वरकों के प्रयोग से कृषि उत्पादन में वृद्धि हुई है, लेकिन इन उर्वरकों के अविवेकपूर्ण इस्तेमाल से हमारी कृषि भूमि पर काफी कुप्रभाव पड़ा है। मिट्टी बीमार हो रही है। उसकी सेहत को ठीक करने के लिए यह जरूरी है कि जैविक खादों के प्रयोग पर अब पूरा जोर दिया जाए। गन्ने की खोई अर्थात् बगास तथा गन्ने की मैली अर्थात् प्रेस-मड का इस्तेमाल जैव उर्वरक बनाने में किया जा रहा है। गन्ने के रस से गुड़ या चीनी बनाने के बाद जो अपशिष्ट बचता है, वह अभी तक ईंधन के रूप में काम आता था लेकिन अब उसका उपयोग जैविक खाद बनाने में कुशलतापूर्वक किया जा रहा है।

इस प्रकार कोल्हू क्रेशर्श और चीनी मिलों में गन्ने के पके हुए रस को छानने के बाद जो मड बचती है यदि उसे वैज्ञानिक तरीके से विघटित करके खाद के रूप में प्रयोग किया जाए तो इससे मिट्टी की उपजाऊ शक्ति बढ़ती है।

गन्ने के कचरे से जैविक खाद बनाने के लिये एक गड्ढा तैयार किया जाता है। इसके लिये पहले 1 मीटर गहरा, 2 मीटर चौड़ा और करीब 10-12 मीटर लम्बा गड्ढा खोदकर लम्बाई में 10 सेन्टीमीटर जगह हवा के लिए छोड़ दें। उसमें कूड़े करकट की 15सेमी. मोटी तह लगाएं फिर 500 लीटर पानी में 100 किग्रा. गोबर तथा 1 किग्रा. जीवाणु कल्चर घोल कर उसे प्रति टन गन्ने की मैली के हिसाब से छिड़क दें। इसके बाद 15 सेमी. मोटी मैली की तह लगाये। उसके ऊपर 8 किग्रा. सिंगल सुपर फास्फेट प्रति टन की दर से फैला दें। जब गड्ढा भर जाए तो गोबर, मिट्टी मैली को मिलाकर उसे ढक दें। 15-15 दिन के अंतर पर दो बार और फिर माह के बाद तीसरी बार पलटें। 2-3 माह में बढ़िया कम्पोस्ट खाद तैयार हो जाती है।

गन्ने की मैली से वर्मी कम्पोस्ट भी तैयार की जा सकती है। इसके लिए गड्ढा ऊपर बताये गये तरीके की तरह खोदा जाता है। कूड़े की तह लगाकर 50 दिन बाद केंचुआ से मैली विघटित कराई जाती है। गड्ढे के ऊपर टीनशेड तथा नीचे पक्का प्लेटफार्म बनाया जाता है। प्रति टन 1 किग्रा. की दर से केंचुए उस अधसड़े ढेर में छोड़ दिये जाते हैं। इसमें नमी को 60 प्रतिशत तथा तापक्रम को 30 डिग्री सैल्सियस ताप पर रखना चाहिए। केंचुएं 145 दिनों में खाद को तैयार कर देते हैं। वर्मी कम्पोस्ट जब तैयार हो जाए तो छानकर केंचुएँ अलग कर लिए जाते हैं ताकि उन्हें पुनः प्रयोग किया जा सके। इस प्रकार से गन्ने के अपशिष्ट पदार्थों से बढ़िया गुणवत्ता की जैविक खाद तैयार की जा सकती है।

गन्ने की खेती का वर्णन हमारे प्राचीन ग्रन्थों में इक्षु शर्करा के रूप में मिलता है। इसलिए गन्ने की खेती लगातार बढ़ती ही गई और यह बढ़त आज भी जारी है। गन्ने के रस से गुड़, चीनी, राब और खंडसारी बनती है। इसके अवशेष में मीथेन, प्रोडयूसर गैस, बिजली तथा कोयले की टिकली, लुग्दी, कागज, गत्ता, परफ्यूराल अल्फा सेल्यूलोज, जिलीटाल प्लास्टिक, मुर्गी विछावन तथा पशु आहार बनता है। इसी प्रकार छनित मैली से खाद तथा मोम बनाया जाता है। चीनी उद्योग में गन्ने का एक सह-उत्पादन शीरा अर्थात् मोलेसिस भी प्राप्त होता है। इससे इथेनॉल, अल्कोहल, स्प्रिट, सिरका, एसीटोन, ब्यूटेनाल, ग्लिसरीन, यीस्ट खमीर, ग्लाइकोल, मोनोसीडियम ग्लुम्आमेंट, डेक्सट्रानेंथम, लाइसीन, गोंद तथा इटोकोनिक अम्ल प्राप्त होता है। इस प्रकार से गन्ना एक बहुउपयोगी फसल है।

□□□

परिशिष्ट-2

टिकाऊ कृषि के पारम्परिक देहाती नुस्खें

पारंपारिक ज्ञान की धरोहर में से किसानों द्वारा अजमाये जा रहे नुस्खे खेती को न केवल सस्ता एवं उर्वर बनाते हैं बल्कि खेती को मजबूत आधार प्रदान करते हुए स्थानीय संसाधनों के प्रयोग द्वारा सफल एवं सतत् उत्पादकता धारण करने के साथ मानव संस्कृति की स्वास्थ्य रक्षा में सहायक सिद्ध होते हैं। वर्तमान में देश के जागरुक व कर्मठ किसानों द्वारा अपनाये गये इन पारंपरिक नुस्खों को अपनाकर जैविक खेती के तहत सफल उत्पादन प्राप्त किया है। अतः पारंपारिक नुस्खे किसानों के प्रयोग हेतु दिये जा रहे हैं।

बीज उपचार

जैविक प्रबंधन में केवल समस्यागत अवस्था में बचाव के उपाय किये जाते हैं। रोग रहित बीज तथा प्रतिरोधी प्रजातियों का प्रयोग सबसे अच्छा विकल्प है। कुछ अग्रणी किसानों द्वारा विकसित किये गये बीज उपचार सूत्र इस प्रकार हैं :

- बीजामृत (40 ग्राम गोबर, 40 मि.ली. गौ-मूत्र, 50 मि.मी. गाय का दूध, 2-3 ग्राम चूना एक लीटर, पानी में मिलाकर पूरी रात रखते हैं) से बीज उपचार काफी लोकप्रिय है।
- हींग 250ग्राम/10 किग्रा. बीज की दर से।
- हल्दी पाउडर गौ-मूत्र में मिलाकर भी बीज उपचार हेतु प्रयोग किया जा सकता है।

पंचगव्य सत्

- ट्राइकोडर्मा विरीडी (04 ग्राम/किग्रा. बीज) या स्यूडोमोनास (100 ग्राम/ 1किग्रा. बीज)
- जैव उर्वरक (राईजोबियम/एजोटोबैक्टर, पी.एस.बी.)

तरल खाद निर्माण

विभिन्न राज्यों के किसानों द्वारा अनेक प्रकार के तरल खाद प्रयोग किये

जा रहे हैं। कुछ महत्वपूर्ण वृहत् रूप से प्रयोग किये जाने वाले सूत्रों का विवरण निम्नलिखित प्रकार है :

संजीवक

100 किग्रा. गाय का गोबर, 100 लीटर गौ-मूत्र तथा 500 ग्राम गुड़ को (500 लीटर क्षमता वाले मुँह बन्द ड्रम में) 300 लीटर, जल में मिलाकर 20 दिन हेतु सड़ने दें। 20 गुना पानी मिलाकर एक एकड़ क्षेत्र में मिट्टी पर छिड़काव करें अथवा सिंचाई जल के साथ ही प्रयोग करें।

जीवामृत

10 किग्रा. गाय का गोबर, 10 लीटर. गौ-मूत्र, 2 किग्रा. गुड़, 2 किग्रा. किसी दाल का आटा, 1 किग्रा. जीवंत मृदा को 200 लीटर जल में मिलाकर एक सप्ताह तक सड़ने दें। नियमित रूप से दिन में 3 बार मिश्रण को हिलाते रहें। एक एकड़ क्षेत्र में सिंचाई जल के साथ प्रयोग करें।

अमृत पानी

यह भी एक प्रकार का द्रवीय जैविक खाद है जिसे बिना सड़ाये तुरंत बनाया जा सकता है। अमृत पानी भी देश के किसानों द्वारा उन्नत एवं विकसित किया गया है।

एक एकड़ के लिये 20 किग्रा. ताजा गाय के गोबर में 500 ग्राम शहद मिलाकर अच्छी तरह मथें। अब इसमें 240 ग्राम गाय का घी मिलाकर फिर से तब तक मथें जब तक कि यह अच्छी तरह न मिल जाये। इस मिश्रण को 200 लीटर पानी में घोलकर बुवाई से तुरंत पहले एक एकड़ क्षेत्र में छिड़कर बुवाई करें। एक माह पश्चात् इसी प्रकार ताजा घोल बनाकर फसल से नीचे फिर से छिड़कें या सिंचाई के साथ उपयोग करें।

पंचगव्य

गाय के गोबर का घोल 4 किग्रा. गाय का गोबर 1 किग्रा., गौ-मूत्र 3 लीटर, गाय दूध 3 लीटर, छाछ 2 लीटर, गाय घी 1 किग्रा. सभी को मिलाकर 7 दिन तक सड़ने (किण्वन) दें। प्रतिदिन 2 बार हिलायें। 3 लीटर पंचगव्य को 100 लीटर पानी में घोलकर मृदा पर छिड़काव करें। 20 ली. पंचगव्य सिंचाई जल के साथ एक एकड़ मृदा हेतु उपयुक्त है।

समृद्ध पंचगव्य

1 किग्रा. ताजा गाय का गोबर, 3 लीटर गौ-मूत्र, 2 लीटर गाय का दूध, 2 लीटर छाछ, 1 लीटर गाय का घी, गन्ना रस 3 लीटर, नारियल पानी, 12 पके केलों की लुगदी मिलाकर 7 दिन तक सड़ने दें। इसका प्रयोग पंचगव्य की भांति करें। गोबर की खाद गाय,

बैल, भैंस व अन्य पालतू पशुओं के गोबर, मूत्र एवं बेकार हुए चारे इत्यादि के सड़ने से बनायी जाती है। पोषण क्षमता के हिसाब से इनमें 0.5 प्रतिशत नत्रजन, 0.2 प्रतिशत फास्फोरस एवं 0.2 प्रतिशत पोटाश होता है। गोबर का उपयोग गैस उत्पादन हेतु गोबर संयंत्रों में भी किया जाता है। गोबर गैस संयंत्र से प्राप्त खाद भी एक अच्छी किस्म की गोबर खाद है।

कम्पोस्ट

विभिन्न प्रकार के कृषि अवशेष जैसे फसल अवशिष्ट खरपतवार, जल कुंभी, लकड़ी का बुरादा, गन्ने की पत्तियाँ, नारियल का भूसा एवं बुरादा, गांव व शहरों का कचरा इत्यादि का गोबर व मल के साथ नियंत्रित अवस्था में सड़न कराने से कम्पोस्ट प्राप्त होती है। एक आदर्श कम्पोस्ट में 0.5 प्रतिशत नत्रजन, 0.10 प्रतिशत फास्फोरस एवं 0.5 प्रतिशत पोटाश होता है।

वमीकम्पोस्ट

वर्मीकम्पोस्ट अनेक प्रकार के ताजा एवं सूखे फसल अवशिष्ट व गोबर इत्यादि से केंचुओं की मदद से प्राप्त होती है। वर्मीकम्पोस्ट में साधारण कम्पोस्ट के मुकाबले दो गुना अधिक पोषक तत्व होते हैं।

मछली खाद

मछली खाद, मछली बाजार के अवशिष्ट छोटी मछलियों के मृत शरीर एवं मछली का तेल निकालने के बाद बचे अवशिष्ट से बनती है। इसमें औसतन 9.5 प्रतिशत नत्रजन, 5.2 प्रतिशत फास्फोरस एवं 0.3 प्रतिशत पोटाश होता है।

पशु अवशेष खाद

कसाईखानों में मांस निकालने के पश्चात् बचे पशु अवशेषों से यह खाद बनाई जाती है। यह खाद भी पोषक तत्वों से भरपूर होती है और इससे औसतन 10-12 प्रतिशत नत्रजन, 1 से 1.5 प्रतिशत फास्फोरस व 0.6 से 0.8 प्रतिशत पोटाश की प्राप्ति होती है।

हड्डी खादः-इस खाद में मृत पशुओं की हड्डियों को पहले भाप में पकाकर गर्म किया जाता है फिर सुखाकर पीस दिया जाता है। हड्डी खाद में कैल्शियम व फास्फोरस तत्व बहुतायत में होते हैं।

खली खादः -अखाद्यः तेलों की खली जैसे नीम, अरंडी इत्यादि की खली को पूरा कर सीधे ही खाद के रूप में प्रयोग किया जा सकता है।

मुर्गी खादः-मुर्गियों की सूखी बीट को पीसकर पाउडर रूप से सीधे खाद के रूप में प्रयोग किया जा सकता है।

द्रवीय खादः-पिछले कुछ वर्षों में किसानों द्वारा अनेक प्रकार के द्रवीय खाद विकसित किये गए हैं जो कि गोबर, गोमूत्र, छाछ, दही, घी इत्यादि के मिश्रण को सड़ाकर बनाये जाते हैं। इन खादों में पोषक तत्व तो बहुत अधिक मात्रा में नहीं होते हैं, परंतु उनके प्रयोग से भूमि की उर्वरा शक्ति तेजी से बढ़ती है और सूक्ष्म जीवों का भरपूर विकास होता है।

सान्द्र जैविक खादः-सान्द्र जैविक खाद धान का बुरादा, मछली खाद इत्यादि को नियंत्रित अवस्थाओं में सड़ाकर तैयार किया जाता है। इस खाद को कैल्शियम व फास्फोरस खनिज के साथ मिलाकर और समृद्ध किया जा सकता है। सूखी मुर्गीखाद, खली, राख एवं रॉक फास्फेट मिलाकर भी सान्द्र जैविक खाद तैयार किया जा सकता है।

द्रवीय जैविक खाद

अनेक किसानों न अपने अनुभवों एवं परीक्षणों से बहुत कम समय में तैयार होने वाली द्रवीय खाद बनाई है जोकि देश के अनेक भागों में काफी लोकप्रिय है और किसानों द्वारा बड़े पैमाने पर प्रयोग की जा रही है। आधे एकड़ के लिये 500 लीटर के ड्रम की आवश्यकता होगी। छोटे के लिये अनुपात में छोटे ड्रम या मटके का प्रयोग किया जा सकता है।

इस ड्रम में 100 किग्रा. गाय का गोबर, 200 लीटर गोमूत्र लगभग 200 लीटर पानी में मिलाकर लगभग 500 ग्राम गुड़ अच्छी तरह से मिला दें। हौदी (टंकी) को अच्छी तरह ढक कर बंद कर दें। लगभग 10 दिन तक सड़ने दें। 10 दिन के पश्चात् इस घोल को 20 गुना पानी मिलाकर एक एकड़ भूमि में फैला दें। इसको सिंचाई के साथ भी दिया जा सकता है। फल बागानों में यह घोल 5 लीटर प्रति वृक्ष हिसाब से जड़ों के आस-पास डालकर मिट्टी ढंक दें।

प्रभारी सूक्ष्मज तकनीक खाद (इ.एम.)

इफेक्टिव माइक्रोओरगेनिज्मस या प्रभावी सूक्ष्मज ई.एम. खाद में उपलब्ध अनेक प्रकार के प्रभारी मित्र सूक्ष्म जीवों का मिश्रण है। इन सूक्ष्मज में प्रमुख है- नत्रजन स्थिरीकारक, फास्फेट घोलक, प्रकाश संश्लेषण जीवाणु, लैक्टिक एसिड जीवाणु, यीस्ट, पौध बढ़वार उत्प्रेरक जीवाणु तथा अन्य कई प्रकार के फफूँद एक्टिनोमाइसिटीज। इस मिश्रण में हर जीवाणु का अपना एक विशिष्ट स्थान है। जो विभिन्न तत्वों, चक्रों को

सुचारू रूप से चलाने, मृदा उर्वरकों सुधार, मृदा स्वास्थ्य में सुधार तथा पौध संरचना में सहायता करते हैं।

नाशी जीव प्रबंधन

जैविक खेती प्रबंधन में रासायनिक कीटनाशक का प्रयोग वर्जित है। अतः नाशी जीव प्रबन्धन जुताई तथा यांत्रिक विधियों द्वारा किया जाता है।

जुताई विकल्प

रोग रहित बीज तथा प्रतिरोधी जातियां जैविक जीव नाशी प्रबंधन में अच्छी बचाव विधि है। जैव विविधता का रख रखाव प्रभाव फसल चक्र, बहुफसल कीटों प्राकृतिक वास में बदलाव तथा ट्रैप फसल प्रयोग प्रभावी विधि है। जिसमें नाशी जीवों की जनंसख्या पर नियंत्रण रखा जा सकता है।

यान्त्रिक विकल्प

रोग प्रभावित पौधे ग्रस्त भाग को अलग हटाना, अंडा तथा ले समूहों को इकट्ठा करके नष्ट करना, चिड़ियों के बैठने के स्थान की स्थापना, प्रकाश पिंजरा, रंगीन पट्टी तथा फैरामेन ट्रेप्स आदि, नाशी जीव नियंत्रण की सबसे अधिक प्रभावशाली विधियाँ हैं।

प्राकृतिक कीटनाशी पदार्थ

गोमूत्र

एक लीटर गो-मूत्र को 20 लीटर पानी में मिलाकर छिड़काव करने से अनेक प्रकार की फफूँदी व जीवाणु व्याधियाँ एवं कीट प्रकोप को नियंत्रित करने में मदद मिलती है। गोमूत्र छिड़काव एक प्रभावी बढ़वार कारक भी है और फसलों के अच्छे उत्पादन के लिये लाभकारक है।

खट्टी छाछ

देश के अनेक भागों में किसानों द्वारा खट्टी छाछ का प्रयोग कीटनाशक के रूप में सफलता पूर्वक किया जा रहा है। एक मिट्टी के बर्तन (जैसे मटका) को छाछ से पूरा भरकर मिट्टी से लीपकर सील कर दिया जाता है और इसी अवस्था में 20 दिन तक सड़ने दिया जाता है। 20 दिन बाद इसे पानी में मिलाकर स्प्रे करने से अनेक प्रकार के कीट जैसे सफेद मक्खी, जैसिड तथा एफिड इत्यादि के प्रकोप को नियंत्रित किया जा सकता है।

प्रमुख वनस्पतिजन्य कीटनाशी गुण वाले पौधे

पौधे का नाम	उपयोगिता
1. बेल पत्र	बेलपत्र के पत्ती फल अर्क के प्रयोग से अनेक प्रकार के पत्ती खाने वाले।
2. सरसों व राई	राई के ताजा पत्तो का अर्क जूट में तना गलन रोग के रोकथाम में प्रभावी है। सरसों की पत्तियाँ के अर्क से धान के बर्न स्पाट रोग की रोकथाम होती है।
3. अरंड	अरंडी का तेल मक्का व अन्य फसलों में वीवील, एफिड तथा इल्लियों के लिए होता है।
4. सीताफल	बीज पत्तियों के अर्क के माध्यम से छिड़काव।
5. धतूरा	पत्तियों का अर्क फफूंदी की रोकथाम में प्रभावी है।
6. सैजना	जड़ एवं पत्ती अर्क एक प्रभावी जीवाणु नाशक है।
7. प्याज	प्याज की गांठ का सूखा पाउडर अनेक प्रकार की फफूंदी एवं अन्य रोगों की रोकथाम के लिये लाभदायक है।
8. सौंफ	सौंफ की पत्तियों के लिये लाभदायक है।
9. मेथी	ताजा पत्तियों का अर्क अनेक प्रकार के कीटों की रोकथाम में प्रभावी है।
10. गेंदा	गेंदा एक प्रभावी एंटीबाजतिक औषधि है। जड़ अर्क से गेहूँ, धान व फूलवाले पौधों के लिये लाभदायक है।
11. करंज	करंज का तेल एक प्रभावी कीटनाशक एवं जीवाणु नाशक है।
12. तुलसी	तुलसी आदिकाल से मच्छरों, कीटों व सांपों के लिए प्रतिरोधी के रूप में विख्यात है।
13. तम्बाकू	पत्तियों का अर्क व तेल एक उम्दा कीट प्रतिकर्षी है।
14. हल्दी	हल्दी चूर्ण एक औष भंडारण कीटनाशी है तथा गेहूँ, धान व अन्य फसलों की कीट से बचाने के लिये काफी लाभदायक है।

देहाती नुस्खे

किसी तांबे के बर्तन में 3 किग्रा. कुचली हुई नीम की पत्तियाँ, एक किग्रा. निम्बोली चूर्ण लगभग 20 लीटर गोमूत्र में मिलायें और रख दें। 20 दिन पश्चात्, इस घोल को तब तक उबाले जब तक कि यह आधा न रह जाये। इसे दूसरे बर्तन में 500 ग्राम तीखी हरी मिर्च को एक लीटर पानी में कुचलें और रात भर के लिये छोड़ दें। एक तीसरे बर्तन में 250 ग्राम लहसुन को एक लीटर पानी में कुचलें और रात भर के लिए छोड़ दें। अगले दिन तीनों में घोलों को मिलाकर (उबला गोमूत्र, घोल, मिर्च घोल व लहसुन घोल) छान लें। अच्छा कीटनाशी तैयार हो जाएगा। इसका प्रयोग लगभग सभी प्रकार की फसलों में अनेक प्रकार के कीटों को नियमित करने में किया जा सकता है।

□□□

परिशिष्ट-3

जैविक कृषि पंचाग

भारतीय कृषि परम्परा में जैविक कृषि पंचांग की महत्ता धीरे-धीरे बढ़ती जा रही है। इनका प्रयोग हिन्दू संस्कृति के उद्‌भव व विकास में भी हुआ है। विभिन्न ग्रह-नक्षत्रों व ब्रह्मामण्डलीय शक्तियों का प्रभाव प्रकृति, मनुष्य, प्राणी व वनस्पति जगत पर पड़ता है। आधुनिक रासायनिक खेती में बहुआयामी असंतुलन सर्वविदित है।

जैविक कृषि पंचांग मूलतः चन्द्रमा की गति पर आधारित है, न कि ज्योतिष विद्या पर। जैविक-कृषि पंचांग का सहज सरल रूप से प्रयोग किया जा सकता है। हिन्दु माह पक्ष और तिथि पंचांग के प्रमुख अंग हैं, हिन्दू चन्द्र मास का नाम उसी नक्षत्र के नाम पर रखा जाता है। कुल 12 हिन्दु मास के सापेक्ष व पाश्चात्य मास का वर्णन मिलता है।

शुक्ल पक्ष चन्द्रमा की अमावस्या से पूर्णिमा की गतिज अवस्था है, जिसमें सूर्य और चन्द्रमा की दूरी लगभग 12 डिग्री प्रतिदिन बढ़ती है। कृष्ण पक्ष में पूर्णिमा से अमावस्या तक की गति होती है तथा यह दूरी लगभग उतनी ही कम हो जाती है। पूर्णिमा के समय जल तत्व प्रभावी होकर पत्तों में आकर्षित होता है। इस समय पौधों की कटाई-छटाई करने से बचना चाहिए, आर्द्रता अधिक होने से कवक जनित एवं अन्य रोग लग सकते हैं। पूर्णिमा के 48 घण्टे पूर्व बीजारोपण लाभदायक है। अंकुरण क्षमता बढ़ती है। अमावस्या के समय घासों की कटाई-छंटाई, भूमि की जुताई, खाद, कम्पोस्ट मिलाना आदि क्रियाओं के लिए उचित होता है। खगोलीय भौतिकी में जैसे सूर्य वर्ष में एक बार उत्तरायण व दक्षिणायन में होता है, वैसे ही चन्द्रमा प्रति 27.3 दिन में एक बार उत्तरायण (चढ़ता चन्द्र) तथा एक बाद दक्षिणायन (उतरता चन्द्र) की गति करता है। इन विशिष्ट स्थितियों का जैविक कृषि जनित प्रयोग इस प्रकार है।

चढ़ते चन्द्र में उचित कार्य-पत्तीदार व फलदार करने से जड़ रसदार व स्वादिष्ट कलम बांधना, बीज बोना, चारा बनाना, पौधों के ऊपर छिड़काव व कम्पोस्ट का प्रयोग, बीड़ी 501 का बनाना व प्रयोग करना लाभकारी है।

उतरते चन्द्र में उचित कार्य (दक्षिणायन)-जड़वाली फसलों की कटाई, फल फूल व झाडू की छटाई। पेड़ कटाई, बीजारोपण, भूमि की तैयारी, खेत की जुताई, खाद

बनाना, खाद फैलाना, सींग की खाद बनाना व प्रयोग करना, उत्तम जैविक खाद वृक्ष मित्र का प्रयोग करना श्रेयस्कर है।

चन्द्रमा की पृथ्वी से दूरी गतिकी के अनुसार घटती-बढ़ती रहती है, चन्द्रमा के पृथ्वी से अति दूर की स्थिति को पेरीजी कहते हैं, अति दूर की स्थिति या दिन का आलू बोने के लिए उत्तम माना जाता है।

कृषि पंचांग में इन विशिष्ट तिथियों का वर्णन चन्द्र राशि के अनुसार किया गया है, विभिन्न फसलों, जैसे-

1. पत्ती वाली फसलें (पालक, धनिया, आदि)।
2. फल वाली फसलें (फूलगोभी फूल की खेती आदि)
3. जड़ वाली फसलें (मूली, गाजर आदि)।
4. फल, बीज, कली फसलें (गेंहूँ, चावल, पपीता आदि) की खेती की शुभ तिथियों का वर्णन महावार किया गया है।

चन्द्रमा जल के लिये सूर्य ताप व पृथ्वी मिट्टी के कारक हैं। चन्द्रमा शनि ग्रह के आमने -सामने की स्थिति कृषि कार्यों के लिए उत्तम होती है। पंचाग में दिखाये गये राहू व केतु जो चन्द्र की स्थितियाँ होती हैं, को जोड़ से परिभाषित किया गया है, बढ़ते चन्द्र के जोड़ को राहू एवं उतरते चन्द्र के जोड को केतु कहते हैं। केतु के दिन खेती के कार्य नहीं करने चाहिये। आकाश में दृश्यमान सूर्य रंग को 12 समान भागों में बांटा गया है जिन्हें राशि कहते हैं। चन्द्र इसकी परिक्रमा 27 दिनों में करता है।

चन्द्रमा जिस राशि में गुजरता है उस राशि का प्रधान भूत प्रभाव वृहस्पति पौधे के विभिन्न भागों जड़, पत्ती, फूल व बीज में से एक पर पड़ता है। पंचांग के माध्यम से कृषि जनित कार्य उपयुक्त समय से करने से लाभ हो सकता है।

□□□

परिशिष्ट-4

जैविक खेती से जुड़ी विभिन्न योजनाओं के संचालन से संबंधित प्रमुख केन्द्र

यद्यपि आज पूरा विश्व स्वास्थ्य पर रासायनिक कीटनाशकों के बढ़ते दुष्प्रभावों को जान चुका है, फिर खाद्यान्न उत्पादन बढ़ाने के लिए इन कीटनाशकों का प्रयोग तेजी से बढ़ रहा है। अनुसंधान प्रक्रिया से साबित हो चुका है कि खाद्य पदार्थ में रह जाने वाले कीटनाशकों के रासायनिक तत्व भोजन के जरिए हमारे शरीर में पहुँचकर वसा कोशिकाओं में जमा हो जाते हैं। इससे कैंसर जनित बीमारियों के साथ-साथ आनुवांशिक विकार भी पैदा हो सकता है। आर्गेनिक फूड का प्रचलन दिन-प्रति-दिन बढ़ता जा रहा है। आज देश के कई प्रदेशों में जैविक खेती का भविष्य उज्ज्वल नजर आता है। जैविक खेती क्षेत्रों के अन्तर्गत किसान अपनी पैदावार की गुणवत्ता को प्रमाणित करने के लिए ऐसी मान्यता प्राप्त संस्थाओं से अनभिज्ञ हैं जिनके माध्यम से पैदावार को उपभोक्ता तक पहुंचाया जा सके या उसका निर्यात कर सके। इस संबंध में अधिक जानकारी के लिए किसान भाई राष्ट्रीय स्तर पर निम्नलिखित पते पर सम्पर्क कर सकते हैं–

एपीडा

नई दिल्ली, एन.सी.यू.आई. बिल्डिंग

तीसरी फोर्ट इंस्टिट्यूशनल एरिया

खेल गांव, हौज खास, नई दिल्ली-16

टेलीफोन नं.: 011-26513219, 26513204

एवं

राष्ट्रीय जैविक खेती केंद्र

गाजियाबाद, उत्तर प्रदेश

तथा राज्य स्तर पर जैविक खेती को प्रोत्साहन देने के लिए

खाद्य एवं प्रसंस्करण विभाग

उद्यान भवन, लखनऊ

टेलीफोन नं. : 0522-2623277

उद्यानिकी एवं खाद्य प्रसंस्करण विभाग

भोपाल (मध्य प्रदेश)

टेलीफोन नं. : 0755-2570123, 2576960

तथा

विकास विभाग, दिल्ली

11वीं मंजिल बहुमंजिला कार्यालय

इंद्रप्रस्थ एस्टेट, नई दिल्ली

टेलीफोन नं. : 011-23713399, 23319290

उपर्युक्त स्थलों से जानकारी प्राप्त की जा सकती है। इसके अलावा जैविक खेती के अंगीकरण, जैविक प्रमाणीकरण कार्यों हेतु अनुदान तथा जैविक खेती से जुड़ी विभिन्न योजनाओं के बारे में भी जानकारी के लिए उपर्युक्त केंद्रों पर संपर्क किया जा सकता है।

सन्दर्भ ग्रन्थ सूची

1. बी.सी. मारवाहा एण्ड एस.एल घाट (2004), स्टेट्स आफ आर्गेनिक फार्मिंग इन इण्डिया, फर्टिलाइजर न्यूज 49(11)41-50
2. ए.एन. सिह एवं अन्य (1994), धान की अधिक पैदावार के लिए नील हरित शैवाल (तकनीकी बुलेटिन), विज्ञान एवं प्रौद्योगिकी परिषद, लखनऊ, उ.प्र. तथा बायोटेक्नॉलाजी विभाग, नई दिल्ली।
3. खरीफ फसलों की सघन पद्धतियाँ (2005), प्रसारण ब्यूरो, कृषि विभाग, लखनऊ, उ.प्र.।
4. एम.एस. स्वामीनाथन (1993), टिकाऊ खेती का रास्ता, भारतीय कृषि अनुसंधान परिषद, नई दिल्ली।
5. पी.भट्टाचार्य एण्ड सी. चक्रवर्ती (2005), करेन्ट स्टेट्स आफ आरगेनिक फार्मिंग इन इण्डियाा एण्ड अदर कन्ट्रीज, इण्डियन जरनल आफ फर्टिलाइजर (9) 111-123।
6. एस.पी.राय चौधरी (1968), धरती और मिट्टी, नेशनल बुक ट्रस्ट आफ इंण्डिया, नई दिल्ली।
7. एस.पी. पेलनी अव्पन एण्ड के अन्नादुराई (1999), आरगेनिक फार्मिंग थ्योरी एण्ड प्रैक्टिस, साइंटफिक पब्लिशर्स इण्डिया।
8. शिव गोपाल मिश्रा (1960), भारतीय कृषि का विकास, विज्ञान परिषद प्रयाग, इलाहाबाद।
9. एस. के पाण्डेय (2003), मिट्टी की सेहत, गोरखपुर एनवायरनमेन्टल एक्शन ग्रुप, गोरखपुर।

10. **बी. मिश्रा (1992), उर्वरक एवं खाद प्रबन्ध, प्रकाशन निदेशालय, गोविन्द बल्लभ पंत कृषि एवं प्रौद्योगिकी विश्वविद्यालय, पंतनगर।**

11. एच.एल.एस. टंडन (1994), फर्टिलाइजर, ऑर्गेनिक मैन्योर, बायोफर्टीलाइजर कम्पोनेंट ऑफ इन्टेगरेटेड प्लांट, न्यूट्रिएन्ट, फर्टिलाइजर डेवलपमेंट एण्ड कन्सल्टेशन ऑर्गेनाइजेशन, नई दिल्ली

12. पी.के. दीक्षित (1988), बायोडायनेमिक खेती एवं नैडप तथा वर्मीकम्पोस्ट विधि (बुलेटिन-बायो-6), उत्तर प्रदेश कृषि विविधीकरण परियोजना, लखनऊ

13. पी.के. छोकर एण्ड बी.सी. द्विवेदी (2004), आरगेनिक फार्मिंग एण्ड इट्स इम्प्लीकेशन ऑन इण्डियाज फूड सिक्योरिटी, फर्टिलाइजर न्यूज 49 (11) 15-32, नई दिल्ली

14. वी.एस. तोमर एवं अन्य (2002), जैविक खेती, विस्तार संचनालय, जवाहर लाल नेहरू कृषि विश्वविद्यालय, जबलपुर।

15. दी हिन्दु सर्वे ऑफ इण्डियन एग्रीकल्चर (2005), मैसर्स कस्तुरी एण्ड संस लिमिटेड, नेशनल प्रेस, चेन्नई।

16. के.बी.बी.आर. तिलक (1999) जीवाणवीय खाद, इंडियन कौंसिल ऑफ एग्रीकल्चर रिसर्च, नई दिल्ली।

17. आर.सी. गौतम एवं पंजाब सिंह (1997) इक्कीसवीं सदी में टिकाऊ खेती के प्रमुख पहलू, कृषि एवं प्रकाशन निदेशालय, भारतीय कृषि अनुसंधान परिषद, कृषि अनुसंधान भवन, पूसा, नई दिल्ली।

18. दीपक शिन्दे (2014) मानव मूत्र : एक प्रभावी कृषि उर्वरक, पर्यावरण डाइजेस्ट, पृष्ठ संख्या 23-27

19. ब्रह्मदत्त कौशिक (2004) जैविक खेती, विज्ञान, गरिमा सिंधु, वैज्ञानिक तथा तकनीकी शब्दावली आयोग, नई दिल्ली।

20. होशियार सिंह यादव (2014) परंपरागत कृषि से लघु उद्योग तक, विज्ञान पत्रिका, पृष्ठ संख्या 4-5, विज्ञान परिषद, प्रयाग, इलाहाबाद

□□□

डॉ. चन्द्र प्रकाश शुक्ल की अन्य चर्चित पुस्तकें

1. **पौधशाला प्रबन्ध**

(Nursery Management)

पौधशाला उद्यान विज्ञान का कलात्मक तथा आध्यात्मिक भाग है। इसका अभिप्राय स्वच्छ एवं सुन्दर एकवर्षीय, द्विवर्षीय तथा बहुवर्षीय फल-फूल तथा शोभाकारी पौधे उगाना है। फल, सब्जी तथा पुष्पों की नवीन किस्मों को संग्रह कर उन्हें पौधशाला में मातृवृक्ष के रूप में स्थापित करना पौधशाला उत्पादक का एक आवश्यक गुण है। प्रत्येक पौधशाला उत्पादक का परम कर्त्तव्य है कि समसामयिक पद्धतियों को दृष्टिगत रखकर कार्य करें।

देश में उद्यान-विकास कार्यक्रम की सफलता के लिए उत्तम किस्म के पौधें एवं बीज का उपलब्ध होना एक मूलभूत आवश्यकता है। इसलिए उद्यानिकी कार्यक्रम को सुचारू रूप से चलाने के लिए पौधशाला कार्यों को यथोचित स्थान मिलना ही चाहिए।

प्रस्तुत पुस्तक पौधशाला कार्य पद्धति से सम्बन्धित उपलब्ध अनुसंधान कार्यों के परिणाम, प्रगतिशील वैज्ञानिकों एवं कृषकों के अनुभव एवं सैद्धान्तिक परीक्षण के आधार पर जलवायु पृष्ठभूमि को ध्यान में रखते हुए लिखी गई है। वैज्ञानिकों द्वारा इस दिशा में महत्त्वपूर्ण अनुसंधान कार्य किए हैं, जो शोधपत्रों तक ही सीमित हैं। यहाँ के लोग फलोत्पादन तथा सब्जी उत्पादन को एक हितकारी व्यवसाय के रूप में अपना चुके हैं। उनका कार्य भी उन्हीं तक सिमटकर रह गया हैं। यहाँ पर फल तथा पुष्प के प्रवर्धन से सम्बन्धित बिखरे हुए अनुभव तथा ज्ञान को समन्वित किया गया है।

प्रस्तुत पुस्तक 'पौधशाला प्रबन्ध' में पौधशाला की परिभाषा एवं सामान्य परिचय, पौधशाला के कार्य, महत्त्व, वर्गीकरण तथा विकास की सम्भावनाएँ, पौधशाला का रेखांकन की विधियाँ व स्वरूप, पौधशाला के अंग, पौधशाला में प्रयुक्त यंत्र व उपकरण, ग्रीन हाउस तकनीक, फूलों की पौधशाला, प्रवर्द्धन तकनीकी, पौध-प्रवर्धन का वर्गीकरण व विभिन्न विधियाँ, बीज-पौध तैयार करने की तकनीकी, कलिकायन की विधियाँ व तरीके, कैक्टस, आर्किड्स, फर्न एवं जलीय पौधों की पौधशाला, पौधशाला सुरक्षा : रोग व कीट प्रबन्ध जैसे विभिन्न अध्यायों को समाहित किया गया है।

प्रस्तुत पुस्तक कृषि वैज्ञानिकों, उद्यान प्रेमियों व प्रगतिशील कृषकों व शोधकर्त्ताओं हेतु उपयोगी सिद्ध होगी। आम जनमानस भी इस पुस्तक का उपयोग कर ग्रीनलैण्ड की संकल्पना को साकार कर सकते हैं।

2. **संगधीय एवं औषधीय पौधे**

(Aromatic and Medicinal Plants)

प्राचीन काल में जड़ी बूटियों का इस्तेमाल स्वास्थ्य रक्षा तथा रोगों के इलाज के लिए प्रायः हर व्यक्ति द्वारा किया जाता था। इसका प्रमुख कारण था कि ये जड़ी बूटियाँ घर के आसपास के वातावरण में उगती और आम आदमी को आसानी

से मिल जाती थी। तेजी से हो रहे औद्योगिक विकास तथा वनों की अंधाधुंध कटाई के कारण अब ये वनस्पतियाँ सर्वत्र सुलभ नहीं हैं। इस कमी को पूरा करने के लिए आज बड़े पैमाने पर इन सगंधीय तथा औषधीय पौधों की खेती, फसलों के रूप में होने लगी हैं।

सगंधीय तथा औषधीय पौधों की खेती बड़ी फायदेमंद है। इनकी खेती से मिलने वाली उपज का उपयोग देश की दवा बनाने वाली कंपनियों में हो रहा है। कुछ पौधों एवं इनके उत्पादों का निर्यात भी किया जा रहा है। भारत सगंधीय तथा औषधीय फसलों का निर्यात करने वाला सबसे बड़ा देश है। संयुक्त राज्य अमेरिका, इंग्लैण्ड, फ्रांस, जर्मनी, स्विटजरलैण्ड तथा जापान जैसे विकसित देश भारत से औषधीय पौधें मँगाते हैं। निर्यात की जाने वाली वनस्पतियों में इसबगोल, सनाय की पत्तियां और फलियाँ, कुचला, चिरायता तथा कुलंजन आदि प्रमुख हैं।

प्रस्तुत पुस्तक में औषधीय पौधों की नई किस्मों का परिचय, उन्नत कृषि तकनीक विकसित करने तथा दूर दराज के क्षेत्रों में संगधीय तथा औषधीय पौधों के माध्यम से आरोग्य बनाने की दिशा में एक सफल प्रयास हैं। नि:संदेह मानव को निरोग बनाने में यह पुस्तक महत्वपूर्ण भूमिका निभाती रहेगी, साथ ही विभिन्न संचालित परियोजनाओं से भी वनौषधियों के संरक्षण, सतत उपयोग, खेती, विपणन आदि क्षेत्रों में सफलता प्रदान करेगी।